altered mechanism of
quadric chain

Asakawa's
parallel motion

combination of
hyperboloid

flexible coiled
spring coupling

3Dでみる
メカニズム図典

見てわかる、機械を動かす「しくみ」

ENCYCLOPEDIA OF MECHANISM WITH 3D VIEW

reversing gear

universal joint

balance

differential gear

編著

関口相三 平野重雄

Ohmsha

はしがき

　本書の原典である『メカニズムの事典』（1983 年発行，オーム社）は，そもそも東京工業大学名誉教授　浅川権八（あさかわ　ごんぱち）先生のご著書で，1912 年（明治 45 年）初版発行の名著『機械の素』の改題・縮刷版である。

　紆余曲折を経て，この改題・縮刷版の編集に尽力されたのが，浅川権八先生の門下生のお一人で，編者の伊藤茂先生である。1962 年に他界された浅川権八先生の志しは，1966 年に『新編・機械の素』と題して B5 判・箱入りの当時の豪華本として復刊したが，高額のため一般に入手しがたいとして，1983 年に改題・縮刷版『メカニズムの事典』が A5 判・普及本として廉価で発行されるにいたった。

　こうして工学系エンジニアのバイブルといえる『機械の素』は，情勢によるいくつかの出版社の変転と，戦後の焼け野原になった東京で，改訂，新編，改題・縮刷版を経て復刊し，明治から令和へ続く古典として愛読されてきた。現在，入手できるのは改題・縮刷版の『メカニズムの事典』であるため，みなさんには本書の原典もお手に取られることをおすすめしたい。

　本書の核となる「メカニズム研究会」では，この原典『メカニズムの事典』に掲載の機構の数々から着想を得て 3D 画像を制作し，機械設計に必要となる各種機械要素・機構を「3D モデリング図」と「2D 図」を同一ページ上に展開して，学習者がその「しくみ」をより具体的な形で「見てわかる」ように構成・解説している。あくまでも原典のよさを損なうことなく，当代にマッチした機構を厳選した。

　近年，製造現場におけるコスト削減のなかで，センサやアクチュエータ等，電力にたよらない「メカ」を見直す動きもあり，一方で生活環境の変化から，実物の機械に触れた経験のない工学系の学生も増え，「2 次元の図から 3 次元の実物をイメージすることが難しい」（その逆も）との声が多く聞かれている。身の回りにある機械は，各種機構の「しくみ」と，そのしくみの組合せ（メカニズム）によって動いている。機械を設計する上では，そのしくみと特性を，充分に理解する必要がある。そのようなときに役立つ本として，本書は企図された。

本書『3Dでみるメカニズム図典』が，これからの工学系学生，若手技術者をはじめ，広くアイデアの創出を志す方々の一助として活用されることを願っている。なお，3D画像の表し方の違いや誤記などがあるとすれば，ご指摘をいただければ幸いである。

　最後に，本書を編纂，執筆するにあたって，種々の図書や製品のパンフレットなどを参考にさせていただいたことを記すとともに，メカニズム研究会メンバーの並々ならぬ尽力に深く感謝の意を表するものである。

2023年11月

編著者

＊本書の刊行に際しては，伊藤 茂 編者『メカニズムの事典』（1983年発行，オーム社）を原典とし，著作権者より二次的使用の許可を得て3D画像を制作し，原典の解説を底本として発行するものです。

凡例

1. 本書は，一般的な機械および機構を一括統一し，その作用によってこれを原則とした。

2. 2次元図は，原典『メカニズムの事典』にもとづくとともに，正投影画像または斜投影図によっている。その図については，次の事項による。
   ① 物体の見える部分の外形を示す場合には，太い実線を用いた。
   ② 物体の各部に付した記号・番号を示す場合には，細い実線を用いている。
   ③ 物体の関係位置，隣接部分，運動の位置，破断か所，中心線，ピッチ線などを示す場合には，一点鎖線を用いている。物体の関係位置を想定するには，想像線（二点鎖線）で描かなくてはならないが，本書では原典に準じている。
   ④ とくに切断面であることを表わす必要がある場合には，ハッチングを用いた。
   ⑤ 一定の位置において回転するか，または静止する軸を表わす場合には，黒円を用いた。
   ⑥ 移動軸またはピンなどを表わす場合には，白円とするか，あるいはハッチングした円を用いた。
   ⑦ 滑動する部分で軸受・フレームなど，とくに静止部分を表わす必要がある場合には，その部分を黒く塗るか，または斜線を施して示した。

3. 3次元図のモデリングには，CATIA Version 5-6 Release 2022 を使用した。

4. 3次元化での検討事例は，次の事項による。
   ① 3Dモデルの表示のレンダリングスタイルは平行投影とした。
   ② 3Dモデルの表示は原則として等角投影とした。
   ③ 3Dモデルのアウトライン，稜線はデフォルトの表現である。
   ④ 3Dモデルのライティング，グラデーションはデフォルトの表現である。
   ⑤ 3Dモデルに中心線は描いていない。
   ⑥ 断面表示か所は，理解しやすい状態で表現している。
   ⑦ 2次元図との関連性で，見やすさを考慮し，表示角度を変更している部分もある。

目次

03章 スライダクランク機構

04章 クロススライダクランク機構

05章 立体機構

06章 四節機構の変形機構

07 章 ｜ 平行クランク

08 章 ｜ 平行運動

09 章 ｜ 近似平行運動

13章 | ベルト車とロープ車

14章 | つめ機構

15章 | カム

23章 | バランスと逃がし止め機構

付録 | 3Dでみるメカニズムの実際

序章 機械を動かす「しくみ」

機械はどのような部品や要素で構成されているのか，機械はなぜ動くのかなど，身の回りにある機械の基本的なしくみを理解する。そして，機械を構成する基本的な部品や要素の働きを理解する。機構は機械に必要な動作を与え，力を伝達する「しくみ」である。原動機・モータの発する運動やトルクが，機構を通じて機械に特定な仕事をさせる。

新しい機械をつくろうと思えば，機構学の知識が必要になる。さらに，よりよい機械をつくるには設計センスが必要不可欠である。ここで設計センスとは，無理・無駄のない動きと力の働き方のバランスを全面的に組み込む能力であり，それは機構に対する知識の広さと経験から生まれるものである。

00/01

機構学と動くメカニズム

　機構学とは，機械装置を構成するメカニズムのことで，機械部品の実際の形状，材質および伝達される力には，直接関係せずに，構成する要素の動作を系統立てて，要素の組み合わせから得られる運動（相対運動）を学ぶ，機械工学の一分野である。

　メカニズムの歴史は紀元前より実用されており，多くの先人のアイデアが引き継がれてきた。それは，メカニズムが理解できなければ，設計はおろか機械装置の運転もままならないからである。いわば，機械の基礎である。

　具体的な説明をすると，設計目標である対象が決まると，まず対象に必要な動きが想定される。次に，その動きをどのようなメカニズムで対応するかがポイントとなる。このポイントが機構学であり，このときのメカニズムは数種類以上考えられるであろう。そして，複数の選択肢から最適な1つを選ぶために，動きを構成する要素の単純なもの，必要な力を満足する機構，もっともエネルギーの少ない機構，精密さ，動力源の数などから決定することになる。

00/02

既存の機構を実務に活用するためのヒント

　ものづくりは人に喜びを与える行為でもある。ただし，ものづくりといっても，現代では創造性を発揮した新製品や高い技術の改良製品をつくらなくてはならない。日常，何らかの困難や予期しなかった問題に直面し，それらを何らかの方法で切り抜けている。このとき自分で気づかずに小さな創造を行っている。その無意識に行われている創造的行為を，少々系統立てて考察してみる。

　新聞や雑誌でイノベーション（技術革新）という言葉をよく目にする。創造性を発揮してイノベーションを起こす，時代の流れにのるには大事なことだと思う半面，創造性とは無縁だからむずかしいことだなとも感じる。創造性と聞くと，誰も考えつかないような画期的なアイデアを生み出すといったイメージがある。辞書には「既存のアイデアやルール，パターン，関係性，そのようなものを乗り越える能力。また，意味のある新しいアイデアや形式，方法，解釈をつくること」などと書いてある。そのためには，つねにポジティブ

に物事をとらえ，柔軟な発想力が必要である。

創造はひらめきではない

　第1に，企業，科学，工学，芸術，いずれにおいても創造性とは，すでに存在する2つまたはそれ以上のものを新しく組み合わせること。創造とは，生活上の問題で，じつは誰でも経験しているはずである。そして，創造が必要であるということは，困難に直面し，突破口を探すことでもある。第2に，よくいわれるひらめきとは，問題を必死に考えた後，まったく別のことをしているときに起きる。無から起きることではない。

創造とは

　創造によって新製品をつくるといっても，まったくの無から新製品を設計・生産すべしということはない。ここで，創造の定義をはっきりさせておこう。多くの人が考える「新製品とは無から有が生ずることによって生まれるもの」という固定観念をまず打ち破らなくてはならない。新製品とは「2つまたはそれ以上の，すでに存在する製品を組み合わせること」なのである。すなわち「統合」することである。

　実際，まったくの無の状態から新しく発明された新製品はきわめて少ない。家にある新製品を見るだけでもわかるが，たとえば，携帯電話などはみな既製品の組み合わせである。新しい製品を見つけることは困難であろう。創造とは，すでに存在する2つ，またはそれ以上のものを統合することなのである。創造は無から突然生まれるものではない。既知の事実を統合することである。

創造の面白さは，組み合わせの「妙」にある

　ものの見方や考え方は，設計するときも頻繁に使われるが，固定観念から脱出することは容易ではない。古い確立された1つの事実を打ちこわし，新しい組み合わせを確立すること，とんでもない組み合わせを，とんでもある組み合わせにすることである。組み合わせは，いろいろであろう。要は，組み合わせてみる努力が必要なのである。ソフトを含め，いままで考えられなかった製品を既製品と組み合わせてつくることである。

　世界の科学・工学をリードするため，また，若い人材を育成するためには，固定観念にとらわれず，独自の創造が生まれる環境をつくることがもっとも大切である。つまるところ，諸問題を注意深く観察し，事実を統合することによって，世の中で起きていることが系統立ててわかってくる。

ものづくりにおける構想設計の重要性

　革新的な製品を開発する能力は，多くの場合，新しいアイデアやコンセプトを育み，具

体化し，発展させる能力にかかっている。構想を練るという工程は，設計全体の上流に位置しており，構想の出来・不出来で後工程の品質・コスト・納期に大きく影響する。では構想設計で考えることはなんであろうか。たとえば，

① 全体のコンセプトをどう展開するか。
② レイアウトはどうするか。
③ 全体のデザインはどのようにするか。
④ どんな機構を使うか。
⑤ 駆動系はなにを使うか。
⑥ 制御系はなにを使うか。
⑦ コストターゲットにどう合わせるか。

など，多様な事柄を考えながら，だんだんとイメージを固めていく。この構想を練る作業で，どのようにアイデアを出すかがカギになる。

紙と鉛筆でポンチ絵を描く

構想設計は，紙と鉛筆で練ることをすすめる。自分の頭の中にしっかりとアウトラインのイメージが固まるまで，何枚も紙に描くことである。いかに CAD が便利とはいえ，考えた案を即座に鉛筆で紙に描いていくスピードにはかなわない。そのようなときは，各部分が絵画的に分析され，スケッチされていれば，そのアウトラインのおかげで，イメージをまとめあげることができ，図面の細部をすべて記憶しようと努力する必要がなくなる。

鉛筆の角度を自然に制御させ，思い通りにならない線を描いては消し，消しては描くという作業を繰り返すことで，矛盾する要素をたえまなく混合させながら，いつしか融合するときを待つ。まるで生きているかのような線により，アイデアがアイデアをよぶ環境が構築され，線は無限のひろがりをみせ，不本意に引いた線が新たな線をよび，より斬新なアイデアを牽引するしくみができあがる。描かれた図を評価し，さらに修正を加えていくことで，最終的に理想のイメージにたどりつくのである。

手描きと CAD は，設計や製図に対する考え方は同じであっても，役割において，ある部分は混ざり合い，ある部分では乖離している。アナログにはアナログの良さがあり，デジタルにはデジタルの良さがある。

ポンチ絵は，3 次元 CAD のようにきれいに描く必要はない。こまかな面取り形状や加工の工夫は，詳細設計で CAD の画面上で実現させればよい。そして，機能検証あるいは構造検証で使用したポンチ絵は，りっぱな技術構想書（図）であり，次世代機種の構想設計の有効な資料として使えるのである。

平野重雄

01章
機械の部品
machine parts

機械を構成する機械部品, 器具などの設計・製作については, 国際化・ボーダーレス化が進行している。したがって, ものつくり文化の違い, 図面の裏にある設計思想の伝達方法についての十分な理解・検討も必要になる。

01/01

てこ

lever

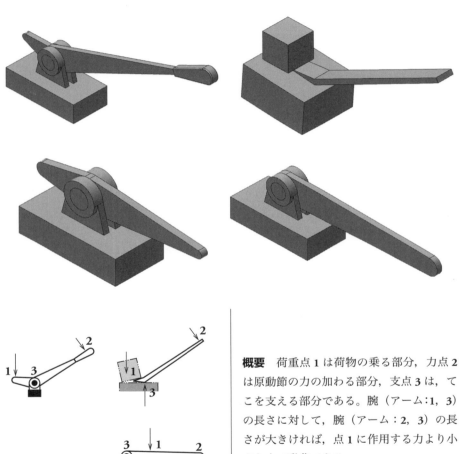

概要　荷重点 **1** は荷物の乗る部分，力点 **2** は原動節の力の加わる部分，支点 **3** は，てこを支える部分である。腕（アーム：**1**，**3**）の長さに対して，腕（アーム：**2**，**3**）の長さが大きければ，点 **1** に作用する力より小さな力で動作できる。

支点を移すことができるてこ

lever that can switch the fulcrum

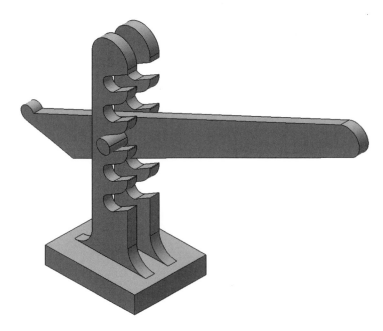

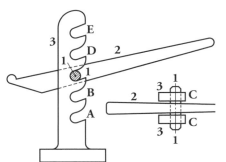

概要　ピン **1** は，てこ **2** の軸穴に垂直に出て双立した支柱 **3**, **3** によって支えられる。ピン **1** は溝 **A**, **B**, **C**, **D**, **E** のいずれでも支えられるので，適当な高さに，てこ **2** の支点をセットすることができる。

使用例　フライホイール（はずみ車）を手回しする場合などに応用される。

ころを押す機構

mechanism for pushing rollers

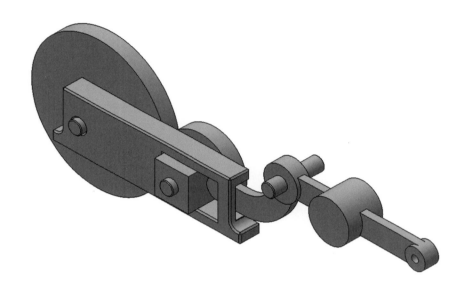

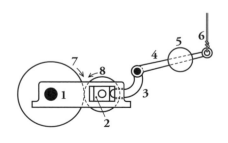

概要 ころ **7**，**8** は，その両端の軸がそれぞれ軸受 **1**，**2** で支えられ，軸 **1** 端のころ仕掛けと摩擦によって，矢印の方向に向かい合って回転する。スライダ **2** は左右に摺動でき，てこ **3** によって押されている。ころ **7**，**8** 間に石などが挟まると，ころ **8** は右側へ寄って容易にその間を通過させる。おもり **5** を左右に移動させることによって，スライダ **2** の押さえ力を加減できる。てこ **3**，**4** の代わりに圧縮ばねを用いるものもある。

偏心輪（エクセントリック）

eccentric wheel

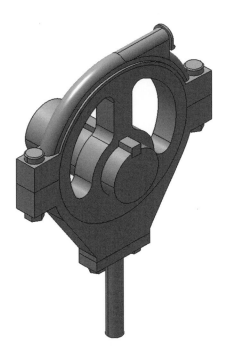

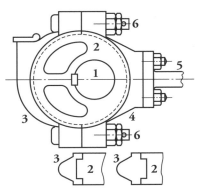

概要 外輪 3，4 はボルト 6，6 によって一体に結合され，円板 2 と回り対偶をする。円板 2 を軸 1 が直角に貫いて，キーで一体となっている。

作動原理 軸 1 の回転は，ロッド 5 に往復運動を与える。偏心輪はクランクピンが拡大して円板となって，クランク軸がこれを貫通する形となったもので，機構学上，クランクと同一作業をするものと考えられる。軸 1 の軸線と円板 2 の軸線との距離を偏心輪の半径という。5 の先端は偏心輪の半径の 2 倍の距離を往復する。

ナックル継手

knuckle joint

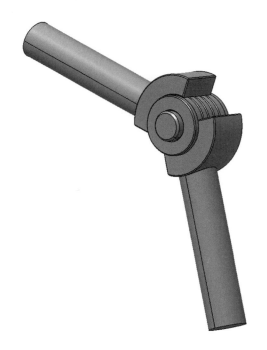

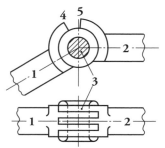

概要　リンク **1**，**2** はピン **3** により結合される。**1**，**2** は回されるが，つめ **4**，**5** が突き当たればその向きには回せない。

使用例　窓金物などに応用される。

取り外しかぎ

disengaging hook

概要 荷物を吊るすロープ端の輪 4 をかぎ 1 に掛ける。それが外れないようにするために，輪 2 をかぎ 1 の端に掛ける。作業中に輪 4 がかぎ 1 から外れるおそれはなく，しかも取り外しはきわめて容易である。

01/07

引き外しかぎ

trip hook

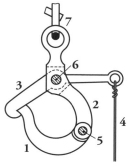

概要　荷物を吊るすロープ端を輪にして，かぎ 1 に掛ける。荷物を所定の高さに揚げてから，急に落下させるためにロープ 4 を引けば，つめ 3 は外れて，かぎ 1 に掛けたロープが外れる。

使用例　くい打ち作業に応用される。

すべりかぎ

slip hook

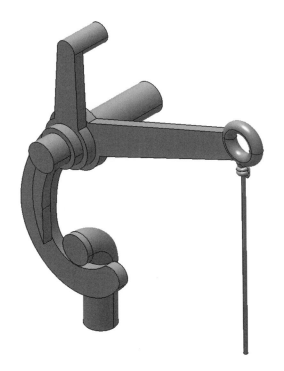

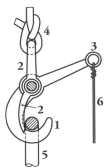

概要 ロープ6を下に引けば，かぎ1は左に移る。輪5は部品2の下端のつめで支えられ，ついには外れて，吊った荷物は落下する。

使用例 くい打ち作業などに応用される。

ジャイロスコープ

gyroscope

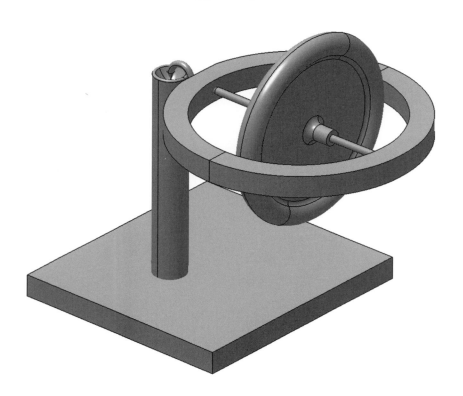

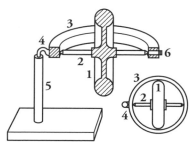

概要 重い車 1 の軸 2 の両端は，枠 3 に
よって支えられている。車が速く回転すれ
ば，軸 2 の端 4 で支えられてつり合ったま
ま静かに軸 5 の周囲を回る。

自在継手

universal joint

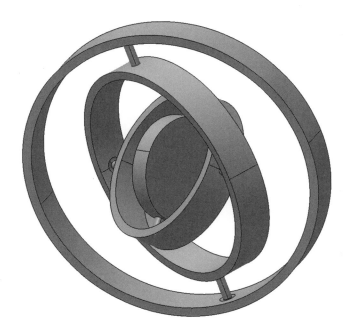

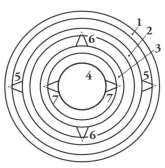

概要 枠 1, 2 は左右軸 5, 5 には，枠 2, 3 は上下軸 6, 6 によって組合わされる。1 を静止すれば，4 はその中心の位置を変えずに表面がどのような方向にも回転できる。これは中心を固定した球を回すようなものである。

使用例 羅針盤，船のランプ吊りなどに応用される。

玉継手

ball and socket joint

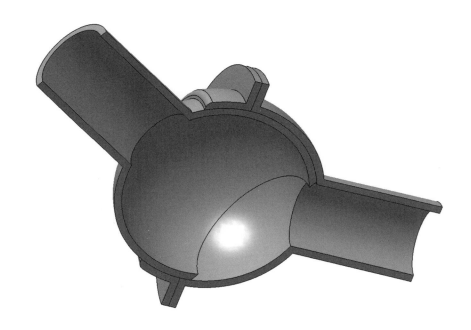

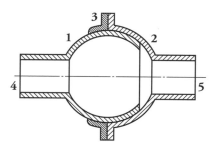

概要　管 4，5 の両端 1，2 は球面対偶で，4 と 5 は自在に回り動き，ちょうど肩の関節のようである。

使用例　自在継手・給水コックなどに応用される。管の代わりに中実軸を用いた継手は，調速機・工作機械の伝動部分などに応用される。

パッキン箱

packing box

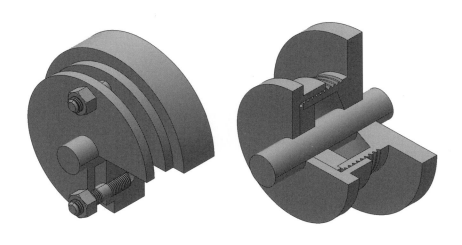

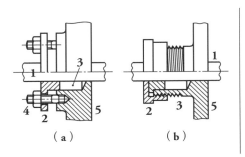

（a）　　　　　（b）

概要　ロッド **1** がふた **5** から出入りする際に，ふたの右側の圧力が左側に漏れないようになっている。**3** はパッキンと呼ばれ，木綿糸を角形に組み，これを油に浸したものである。図（**a**）は 2 個または 2 個以上のナット **4** がグランド **2** を締めて，**3** をほどよく押す。図（**b**）はグランドの代わりにユニオン継手 **2** を用いる。

01/13

偏心半径が変化する円板

circular plate where the radius changes

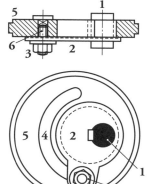

概要 軸1はキーによって円板2に偏心して取り付けられる。2は溝4とボルト3によって円板5に固定できる。3を溝4に沿って動かせば，偏心半径を種々に変えることができる。

02章
四節機構
quadric chains

平面上で連結された四つの回転対偶で，そのうちの一つを固定して得られる平面機構を対象としている。摩擦面の動く距離が短く，摩耗も少なく，長期間の使用に適する特質があるので，産業用ロボット，家電製品，おもちゃなど，さまざまな産業，製品で利用されている。

02/01

四節機構

quadric chain

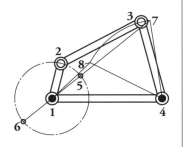

概要 2個の回り対偶の節を剛体で結合したものをリンクといい，リンクの両端の軸間距離をリンクの長さという。

作動原理 (1, 2) を最短リンク，(1, 4) を最長リンクとして，リンク (1, 4) を固定すれば，(1, 2) の1回転はリンク (3, 4) を弧 (7, 8) の間で揺動する。(1, 2) をクランク，(3, 4) を揺れ腕（ロッカアーム），(2, 3) を連結棒という。また ∠7, 4, 8 を揺れ腕の揺動角という。1, 2, 3 の3対偶点が同一直線上に重なる位置は死点で，5 を第1死点，6 を第2死点という。

02/02

引き棒機構

drag-link chain

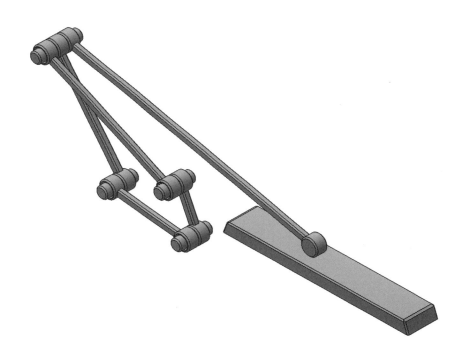

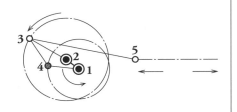

概要 四節機構において, リンク (1, 2) を固定した形である。

作動原理 クランク (1, 4) の回転は, リンク (4, 3) によってクランク (2, 3) を引きながら回転させる。ピン 3 にリンク (3, 5) を取り付け, その端 5 が往復直線運動をするように構成すれば, クランク (1, 4) の等速回転により, 5 は帰りが往きよりも速い往復運動を行う。これを早戻り運動という。

02/03

クランク揺れ腕（その1）

crank rocker_no. 1

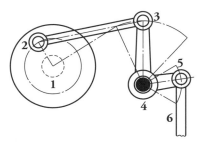

概要　本機構はリンク（**1, 2**）を円板とした
もので，これを円板クランクという。この円
板は多くは鋳鉄製であって工作が容易である
から，この種の形を選ぶ場合がある。

作動原理　揺れ腕（**3, 4**）の揺動によってク
ランク（**1, 2**）を連続的に回転しようとする
には，軸**1**に，重くかつ径の大きな車（フラ
イホイール）を取り付ける必要がある。

クランク揺れ腕（その2）

crank rocker_no. 2

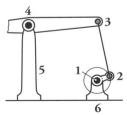

概要　本機構は天びん機構であって，揺れ腕（3，4）のはなはだ大きい場合である。ビームクランクの名がある。

クランク揺れ腕（その3）

crank rocker_no. 3

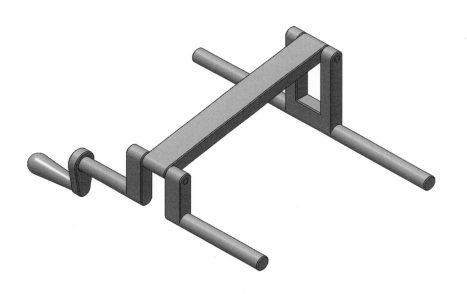

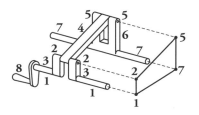

概要　軸1，1および軸7，7は，それぞれ軸受で支えられる。ハンドル8を回転するときは，揺れ腕6は揺動する。

ルミーユ換気機

Lemielle's ventilating machine

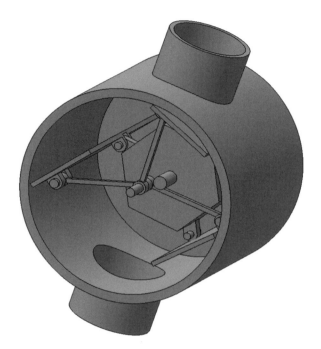

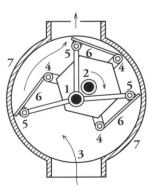

概要　1, 2, 4, 5 はいずれも四節機構を形成する。7 は前後に側板を有する円筒, 1 は両側板から突起する固定軸である。

作動原理　六角柱 2 は軸 2 を中心として回転する。6 は扇板である。2 を矢印の方向に回転させるときには, 下の吸込み口から入る空気は上の吐出し口から吐き出される。実際の構造は, ピン 1 を拡大して, その中を軸 2 が貫通するようにつくる。

02/07

早戻り機構

quick return motion

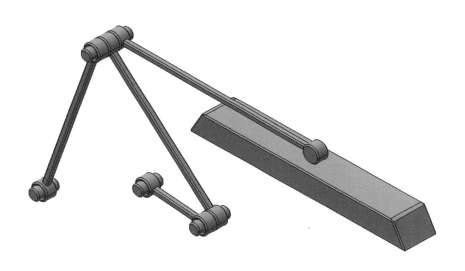

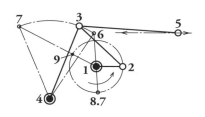

作動原理 クランク（**1, 2**）が回転すれば，揺れ腕（**4, 3**）は左右に揺動する。揺れ腕（**4, 3**）が7から右**6**へ帰るには，クランクピン**2**が劣弧（**9, 8**）を運動し，また，**6**から左**7**へ進むには，**2**が優弧（**8, 2, 9**）を運動することにより，クランク（**1, 2**）の等速回転に対して**5**の帰りは往きよりも速い。

使用例 工作機械などに応用される。

02/08

伸縮やっとこ

lazy tongs

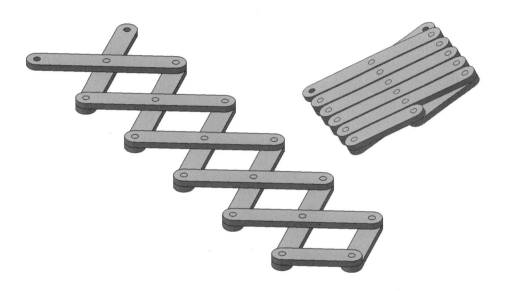

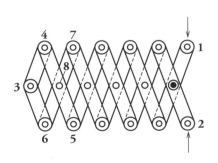

概要 四辺形 **3**, **6**, **8**, **4** は各辺の長さが等しく，他もまた同じである。

作動原理 **1**，**2** を少し寄せるとき，**3** は著しく左右に動く。この機械は，伸縮しても同一直線上に配列された各ピンの距離の比は一定である。この機構を応用して，左右に伸縮する扉をつくる。

使用例 縮図器などに応用される。

02/09

複動揺リンク

double oscillation links

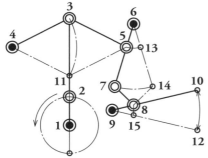

概要 1，2，3，4 と 4，3，5，6 および 6，7，8，9 は，いずれも四節機構であり，（4，3）＝（3，5）である。

作動原理 クランク（1，2）が1回転するとき，てこ（3，4）は1往復，（6，7）は2往復，（9，10）は4往復の揺動を行う。

02/10

カイト

kite

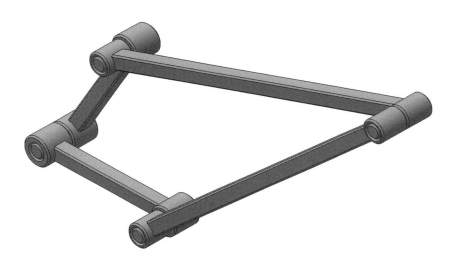

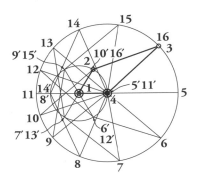

概要 シルヴェスタはその形が西洋たこに類似しているので，カイトと名付けた。

作動原理 (2，1)=(1，4)，(2，3)=(3，4) である。リンク (1，4) を固定し，短クランク (1，2) が2回転するとき，長クランク (3，4) は1回転する。

02/11

四節機構の変形（その1）

altered mechanism of quadric chain_no. 1

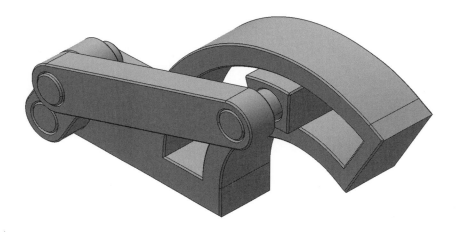

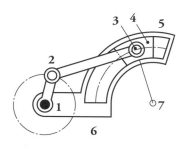

概要　この機構は，四節機構の対偶の一つを変形または異常に拡大したものである。4, 5の弧形すべり対偶が揺れ腕の代わりをする。

四節機構の変形（その2）

altered mechanism of quadric chain_no. 2

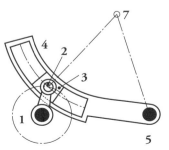

概要 本機構は **02/11** のクランク（**1**，**2**）を伸ばし，リンク（**2**，**3**）を縮めて，これを転置してリンク（**1**，**2**）を固定したものである。

四節機構の変形（その3）

altered mechanism of quadric chain_no. 3

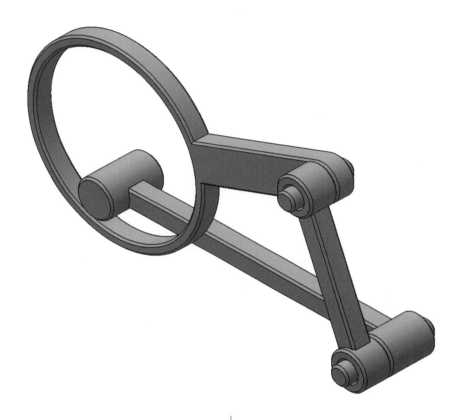

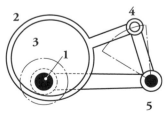

概要　本機構は，クランクピンを拡大して，3，2を偏心軸にしたものである。

02/14

四節機構の変形（その4）

altered mechanism of quadric chain_no. 4

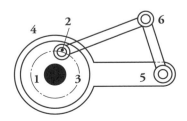

概要　本機構は，クランク軸を拡大して円板とし，クランクピンがそれより突出した形である。

03章
スライダクランク機構
slider crank chains

スライダクランク機構は，従動リンクが摺動するスライダになったもので，原動リンクの回転運動を往復直線運動に変換する。直進対偶および回転対偶で連結される節をスライダ，固定軸回りに完全に回転する節をクランクといい，静止節と直進対偶を形成するスライダおよびクランクからなる四節リンク機構をスライダクランク機構という。すべりを使う機構なので，設計時には摩擦や摩耗に注意しなければならない。

03/01

スライダクランク（その1）

slider crank mechanism_no. 1

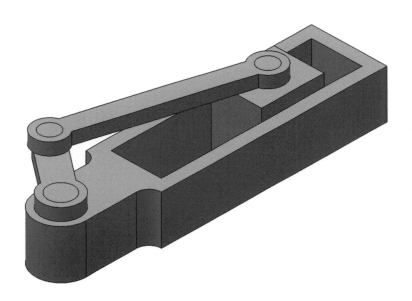

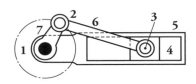

概要　軸が平行する3個の回り対偶と軸が前3軸と直交する1個のすべり対偶の組合せとから成り立っている平面機構である。

作動原理　クランク（1, 2）が1回転すれば，連結節（2, 3）によってクロスヘッド4を1往復直線運動させる。

03/02

スライダクランク（その2）

slider crank mechanism_no. 2

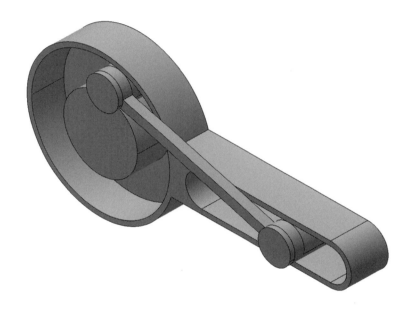

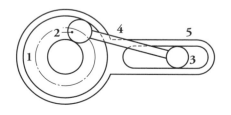

概要 円板1に輪状の凹溝があり，これに
ロッド4の左端の丸ピン2が入っている。
また，その右端3は溝5に入っている。
作動原理 03/01と同一の運動をする。

03/03

スライダクランク（その3）

slider crank mechanism_no. 3

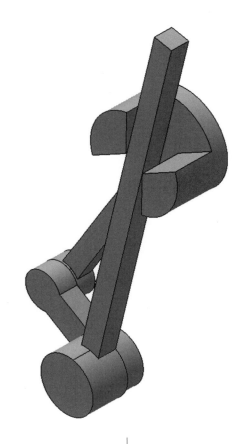

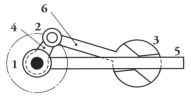

概要　**3**の上下の突起がロッド**5**をはさんでいる。
作動原理　**03/01**と同一の運動をする。

03/04

並列スライダクランク

cross compound slider crank

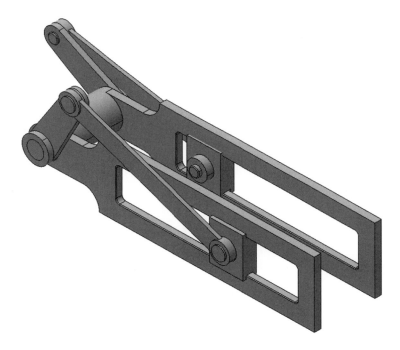

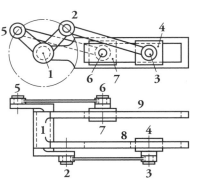

概要 同一軸に取り付けられたクランク (1, 2) と (1, 5) は直交する。クロスヘッド 4, 7 を原動節とする往復運動は，クランクを1回転させるとき，死点で回転力を失わない。

使用例 内燃機関に応用される。

早戻り機構（その1）

quick return motion_no. 1

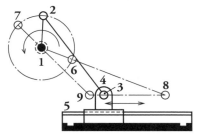

概要 ピン3の動く中心線が軸1の下にある場合には，クロスヘッド4の行程の長さはクランク半径の2倍よりも長い。

作動原理 クランクが矢印の方向に鈍角7，1，6を回転するとき，4は左から右に向かって前進し，鋭角6，1，7を回転するときは後退する。

03/06

早戻り機構（その2）

quick return motion_no. 2

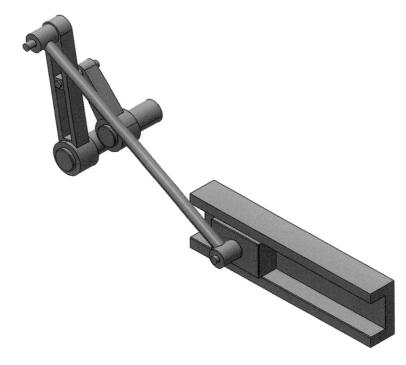

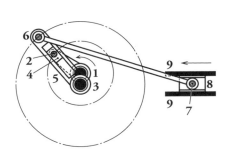

概要　回りスライダクランク機構（ターニングブロックリンケージ）と呼ばれる。

作動原理　クランク（1，2）が1回転すると，クロスヘッド 8 は1往復運動を行う。クランクが等速に回転するとき，8 は矢印の方向に前進するときの間よりも後退するときの間が少ない。ただし，8 のピン 7 が運動する中心線は，固定節（1，3）の軸 3 の中心を通過する。

早戻り機構（その3）

quick return motion_no. 3

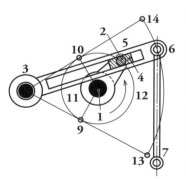

概要 ウィットウォースの早戻り機構と呼ばれる。

作動原理 クランク（**1**，**2**）の1回転は，腕（アーム）**3**，**6**に1揺動を与える。クランクピン**2**が優弧（**9**，**12**，**10**）を運動する間に，腕**5**は（**13**，**6**，**14**）の弧を運動して，劣弧（**10**，**11**，**9**）を運動する間に，腕**5**は（**14**，**6**，**13**）の弧を運動する。揺動スライダ機構（スインギングブロックリンケージ）とも呼ばれる。

使用例 形削り盤などに応用される。

03/08

トグル機構プレス（その 1）

toggle joint press_no. 1

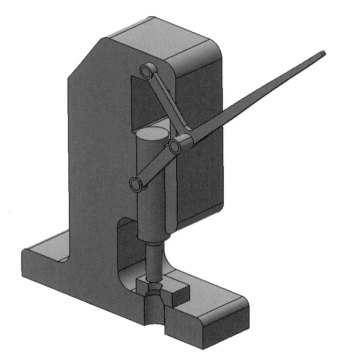

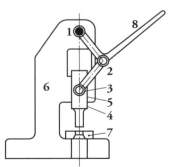

概要 この機構は僅少の力で非常に大きい力を出すことができる。1，2，8 は曲がりてこ（1，2）＝（2，3）であって，摺動片 4 の下向き運動の終わりに，3 関節 1，2，3 が同一直線上にある。

使用例 プレス機械などに応用される。

トグル機構プレス（その **2**）

toggle joint press_no. 2

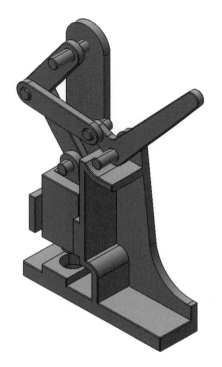

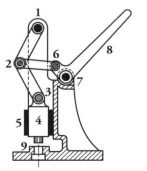

概要　この機構は僅少の力で非常に大きい力を出すことができる。リンク（**2**，**6**）と曲がりてこ（**6**，**7**，**8**）を用いたプレス機構である。

04章
クロススライダクランク機構
cross slider crank chains

2個のすべり対偶の軸をたがいに直角にして，これに2個の回り対偶を組み合わせた平面機構である。四つの部材を組み合わせて，回転運動を直線上ですべる運動に変換する機構である。

04/01

クロススライダクランク（その1）

cross slider crank_no. 1

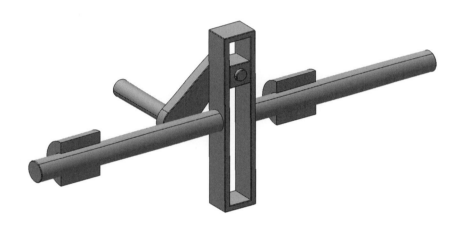

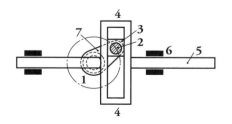

概要 この機構は単弦運動とも呼ばれる。

作動原理 スロット3はクランクピン2のメタルであって，溝4を上下に摺動する。クランク7の1回転は，ロッド5を左右に1往復運動させる。クランクが等速回転であるとき，ロッド5は単弦運動をする。

クロススライダクランク（その 2）

cross slider crank_no. 2

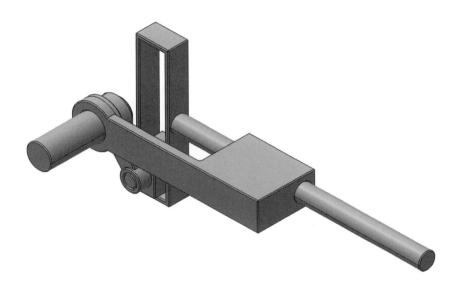

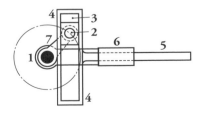

概要 この機構は，**04/01** と構造に相違が あるが，同一の運動をする。

作動原理 クランク 7 の回転によって， ロッド 5 は往復運動をする。

04/03

だ円コンパス

ellipse trammels

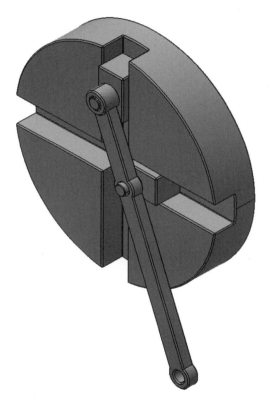

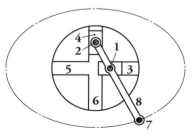

概要 この機構は, だ円を描く運動をする。

作動原理 スロット 4 は上下の溝 6 を, スロット 3 は左右の溝 5 を摺動する。両溝は直交していて, ピン 1, 2 の中心連結線上, もしくは延長上の点 7 は, スロット 4 を溝6 内で動かすとだ円を描く。

スナイダクランク

Snyder's crank

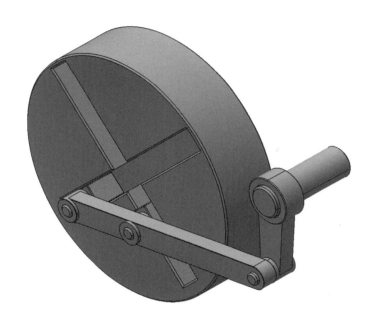

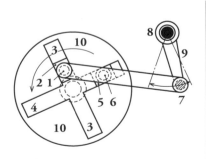

概要 円板 **10** の面上の直角溝 **3, 4** 内を, それぞれスロット **2, 5** が滑動する。スロットから突起したピン **1, 6** とロッド（**1, 6**）とは, それぞれ回り対偶を構成し, その端 **7** は揺れ腕 **9** の端と回り対偶をなす。

作動原理 ピン **1, 6** の運動をする直線の交点に円板の軸がある。円板 **10** が 1 回転すれば, 揺れ腕 **9** は 1 揺動する。この運動は **1, 6** 両点の中央点をクランクピンとするクランクと同一である。

使用例 裁縫用ミシンに応用された。

04/05

ワンチェルニードルバー

Wanzer needle bar

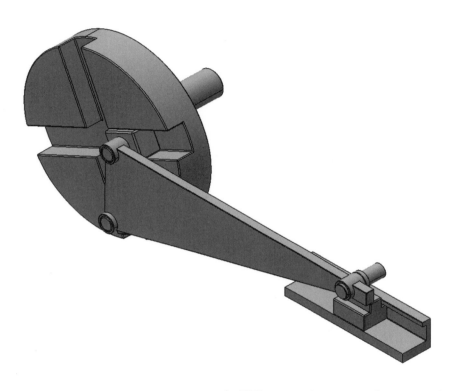

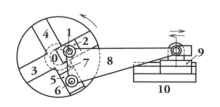

概要 スロット**2**, **5**にはまっているピン**1**, **6**が，連結節**8**の左端を貫く。**9**はスライドブロックである。**3**, **4**はたがいに直角な溝であって，スナイダクランクと同一である。

作動原理 円板の回転は，クランクピンが（**1**, **6**）の中点**7**のクランク軸と同じ運動を連結節**8**に伝えて，**9**を往復運動させる。

05章
立体機構
solid mechanisms

立体とは，平面上に描かれた図形に対し，空間的な広がりをもった図形のことである。直交する進み対偶を有するリンクにより，回転軸が同一線上にない場合でも回転を伝達できる機構である。

05/01

球継手とコニカルクランクの立体機構

ball joint and conical crank

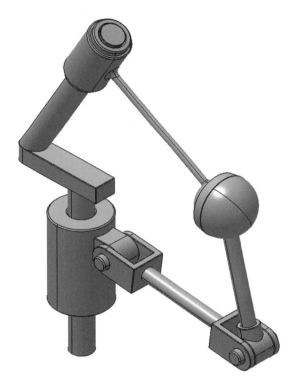

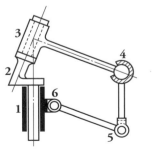

概要 4は球継手(ボールソケット継手)である。

作動原理 軸1の回転は,揺れ腕5,6を揺動させる。

05/02

偏心輪と揺れ腕の立体機構

eccentric wheel and swinging arm

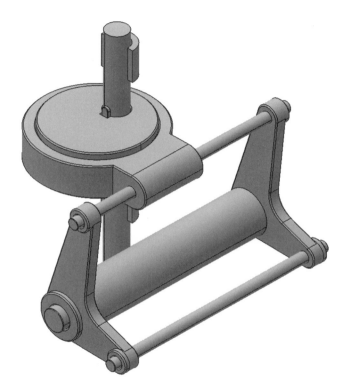

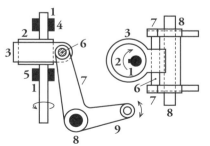

概要 偏心輪 2，3 の円板 2 は，軸方向にもすべる。

作動原理 軸 1 の回転は，偏心輪によってベルクランク 7，9 を揺動させる。

05/03

球面四節機構

spheric quadric chain

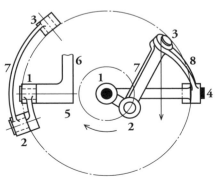

概要 回り対偶 **1，2，3，4** の軸の中心線は平行ではなく，いずれも球の中心を通過する。（**1，2**）は最短リンクである。

作動原理 クランク（**1，2**）の回転は，リンク **7** によってリンク **8** を揺動させる。

05/04

球面スライダクランク

spheric slider crank chain

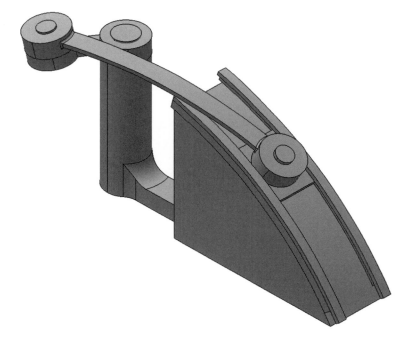

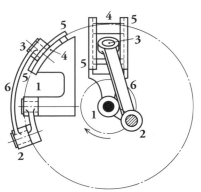

概要　回り対偶 **1**，**2**，**3** の軸の中心線は，いずれも球の中心を通過し，すべり対偶 **4**，**5** は，以上の交点を中心とする球面に沿って運動する。

作動原理　クランク **1**，**2** の回転は，スライダ **4** の往復運動を生ずる。

05/05

斜軸クランクとスライダ

angular crank pin and sliding rod

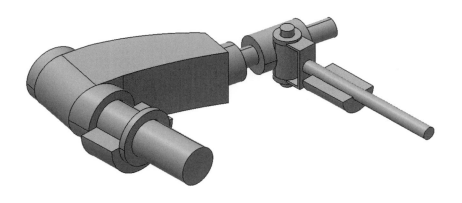

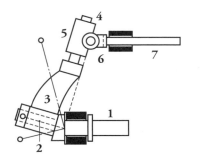

概要 回り対偶の軸がこれと直交する立体機構である。

作動原理 軸 1 が回転すると，ロッド 7 は往復直線運動をする。

06章
四節機構の変形機構
modified mechanisms of quadric chain

02章, 03章, 04章では, クランク揺れ腕またはスライダクランクなどの変形を対象に説明した。四節機構の一部分の形状を変形することによって, 特殊な作業をする機構を得る例を説明する。

06/01

クランクところ

crank and roller

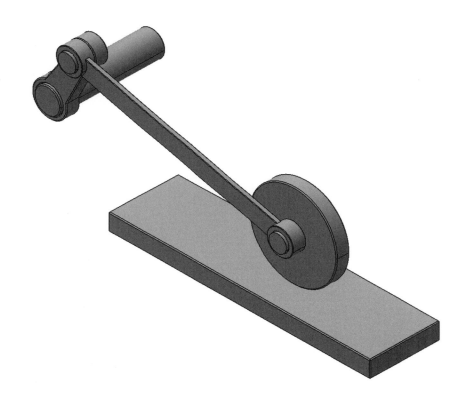

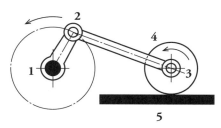

概要　4は円柱状ころで，回転中心の
ジャーナル3と連接棒（2，4）の右端が連
結されている。

作動原理　クランク（1，2）の回転によっ
て，ころ4は転がりながら左右に往復運動
する。

06/02

クランク揺れ腕とだ円クランク

crank rocker and elliptic crank

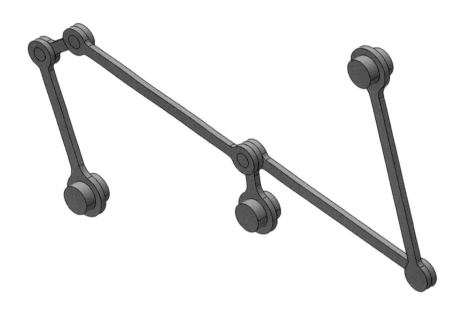

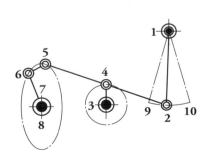

概要 クランク（**3**, **4**）の回転によって, **5** は近似だ円を描く。

作動原理 クランク（**3**, **4**）が等速に回転するとき, **5** は上下の位置において遅く, 中央において速い回転をする。

06/03

変形スライダクランク（その1）

modified slider crank_no. 1

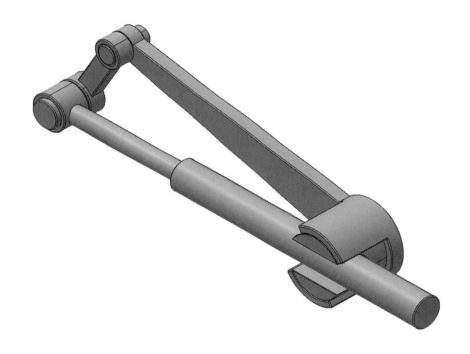

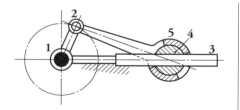

概要　こま 4 はガイドロッド 3 に沿って摺動する。かつ 5 の内面と円筒面で組合せられる。

作動原理　クランク（1，2）の回転によって 5 は往復運動する。これはピストンクランクの作用と同一である。

変形スライダクランク（その 2）

modified slider crank_no. 2

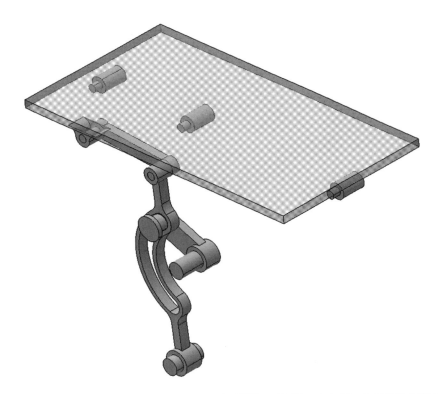

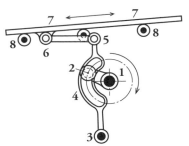

概要 揺れ腕 4 中央部にある弧状の溝の中心線は，クランクピン 2 の描く円弧と一致する。

作動原理 左右に往復運動するテーブル 7 を，リンク（5, 6）によって揺れ腕と連結する。クランク（1, 2）が 1 回転すれば，テーブル 7 は 1 往復し，クランクピン 2 が弧状の溝を動く間は，7 は左端で静止する。

06/05

変形交叉スライダクランク（その1）

modified cross-slider crank_no. 1

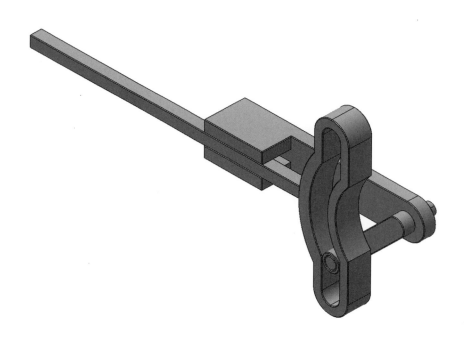

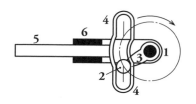

概要 ロッド5と直交する溝を弧状とした
スライダクランク機構である。5が左端に
おいて休息する運動をする。

06/06

変形交叉スライダクランク（その 2）

modified cross-slider crank_no. 2

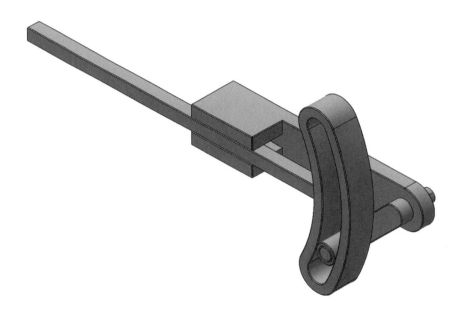

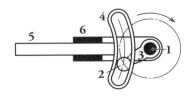

概要 ロッド 5 と直交する溝を弧状とした スライダクランク機構である。5 が右側に くると，その速度が遅くなる運動をする。

変形交叉スライダクランク（その3）

modified cross-slider crank_no. 3

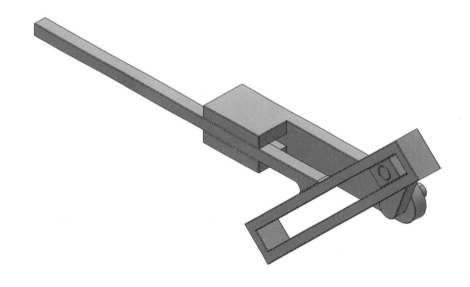

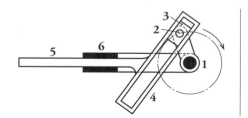

概要　両すべり対偶4, 5は斜めに取り付けられているので，食い違いスライダクランクとも呼ばれる。

変形交叉スライダクランク（その4）

modified cross-slider crank_no. 4

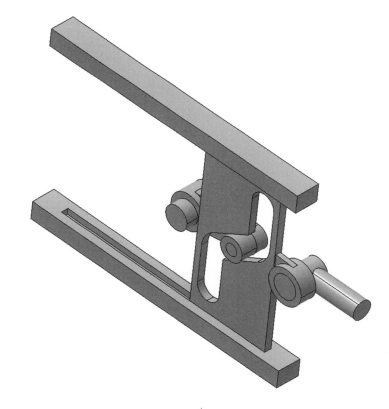

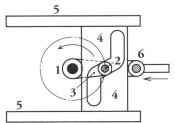

概要 クロスヘッド4の左右往復運動によって、クランク（1，2）は、矢印の方向へ回転するが、死点になる位置がない。フライホイールの補助によらないで、4の左右往復運動だけで（1，2）を回転することができる。

変形交叉スライダクランク（その5）

modified cross-slider crank_no. 5

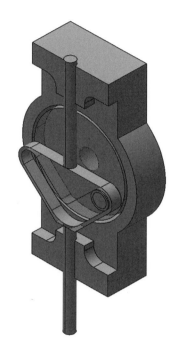

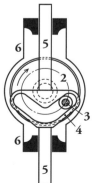

概要　上下運動をするロッド**5**の中央に，ヘ字形の溝があって，これに円形クランク**2**のクランクピン**3**がゆるみなく組合せられている。

作動原理　**2**が1回転すれば**5**が上下に1回往復運動する。ロッドが下端にくると，**2**がある区間回転しても**5**は動かない。

使用例　縫製機械などに応用される。

ラプソンスライダ

Rapson's slide

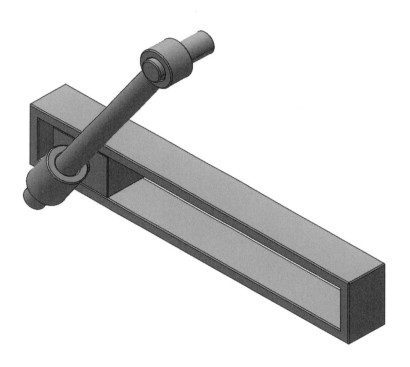

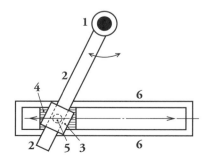

概要 スライダ **3**, **4** は軸 **5** でたがいに回る。てこ（**1**, **2**）を左右に振ると，**4** は左右に動く。

使用例 船の操舵機などに応用された。

ラプソンスライダの変形

modified Rapson's slide

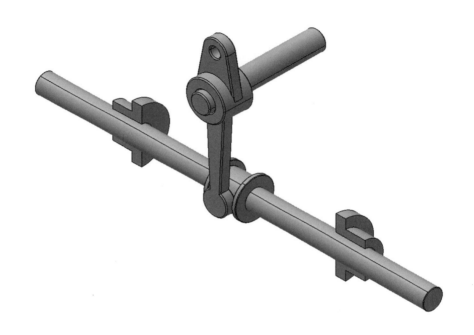

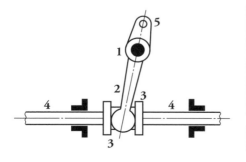

概要 ロッド4に取付けられた, つば3 は, てこ2の下端を挟んでいる。水平ロッ ド4の左右運動によって, アーム (1, 5) は左右に振れる。

使用例 ポンプなどに応用された。

掛け外し機構

latching mechanism

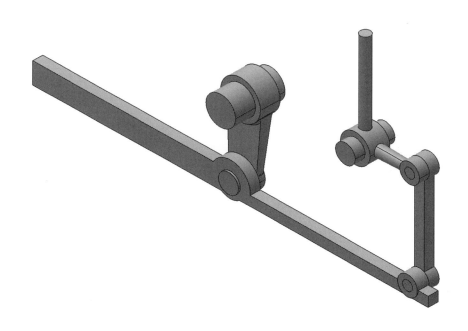

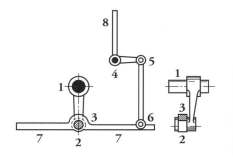

概要 ロッド7の左端には図に示していない偏心軸があり，7を左右運動させている。揺れ腕（1，2）は左右に揺れているが，ベルクランク（4，5）を反時計方向に回すと，リンク（5，6）は7の右側をつり上げて，偏心軸と7の組合せを外し，これによって，（1，2）の揺動は止まる。

砕石機

stone crusher

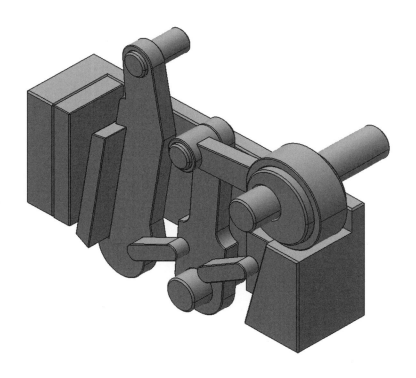

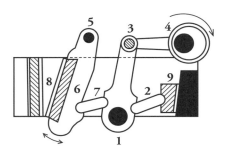

作動原理 偏心輪 4 の回転は，揺れ腕（1，3）を左右に揺動して，これによって支片 7 が揺れ腕（5，6）を左右に揺動させる。偏心輪 4 の回転力は，6 において強力な力を生ずるから，8 の部分に挟まれた塊は，（5，6）の揺動によって砕かれて落ちる。

無死点クランク

no dead center crank

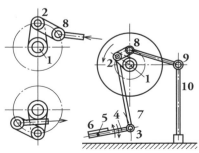

概要 （2, 8）は，クランク（1, 2）のクランクピン 2 の端から出た腕であって，その端 8 は，ばね 10 の上端 9 とリンク（8, 9）で連結されている。

作動原理 5 を支点とする踏み板（トレードル）6 を踏んでクランク軸 1 を回転すれば，クランクピンが上下の死点にきても，ばね 10 の弾力によってこの点を通過する。

交叉リンクの天びん機構

cross-link balance mechanism

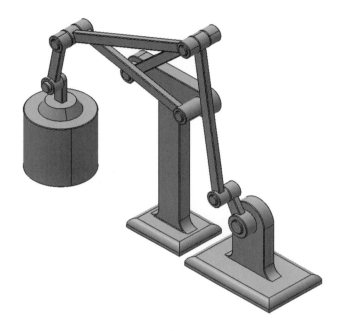

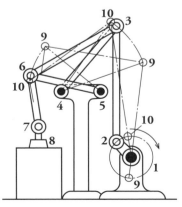

作動原理　クランク（**1, 2**）が回転すれば，連接棒（**2, 3**）を経て，リンク（**3, 4**）が揺動する。リンク（**5, 6**）もまた揺動し，連接棒（**6, 7**）はピストンロッド **8** を上下に往復運動させる。天びん機構では **8** が駆動節であって（**1, 2**）が従動節であるので，その軸 **1** に，はずみ車を取り付ける。

一つのリンクがほぼ静止するリンク機構

link mechanism in which one link is almost stationary

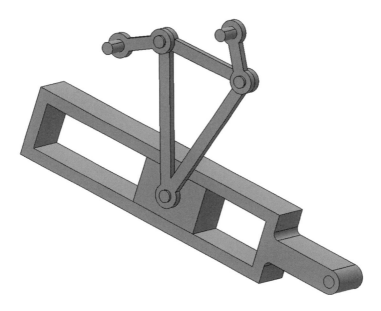

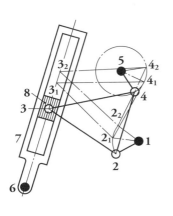

概要 クランクがある角度だけ回る間に，一つの
リンクがほとんど静止するリンク機構である。

作動原理 クランク（1，2）の回転角を∠2，1，
2_2 とし，弧 2，22 の中間に点 2_1 をとって△2，3，
4 を描く。次に直線3，3_1，3_2 を適当な方向に描
いて，△2，3，4 に等しく△2_2，3_1，4_1 と△2_2，
3_2，4_2 を描く。3 をこま 8 のピンとし，中心線を
3，3_2 とする溝付きリンク（6，7）をつくる。三
点 4，4_1，4_2 を通過する円弧の中心 5 を求め，四
節リンクの腕（4，5）をつくれば，クランク（1，
2）の回転中にピンが弧 2，2_1，2_2 を通過する間，
溝付きリンク 7 は，ほぼ静止している。

07章
平行クランク
parallel cranks

向き合った二節ずつの長さが等しく,平行四辺形をなすような四節回転連鎖を
行う。左右両クランクの回転が等しく,製図機械などに応用されている。

07/01

平行定規（その1）

parallel ruler_no. 1

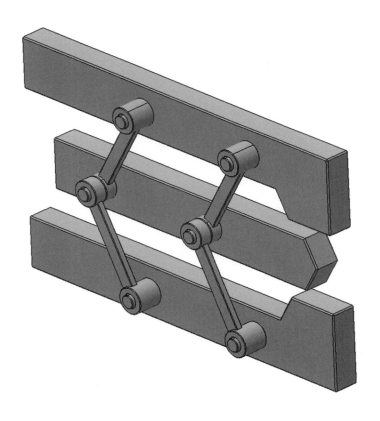

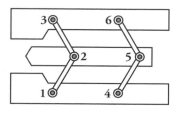

概要　相対するリンクの長さがそれぞれ相等しい機構である。

作動原理　$(1, 2) = (2, 3) = (4, 5) = (5, 6)$，$(1, 4) = (2, 5) = (3, 6)$　である。下の定規を固定し，上の定規で平行線を描くのに用いられる。

07/02

平行定規（その2）

parallel ruler_no. 2

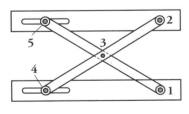

概要 平行線を描くのに用いられる。

作動原理 平行の溝 4, 5 には，それぞれゆるみもなく 4, 5 のピンが入る。この溝の中心線は，それぞれ回り対偶の中心 1, 2 を通過する。(1, 3) = (3, 5) = (2, 3) = (3, 4) である。

使用例 平行定規に応用され使われている。

07/03

ロバーバルはかり

Roberval balance

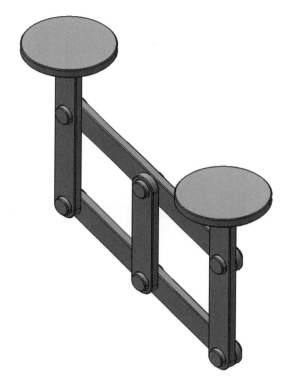

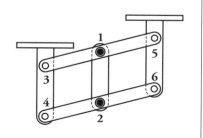

概要　左右の台に重量が同じでない荷物を載せるときには，腕（アーム）はいちじるしく傾斜するが，まったく同じ重量であるときは，水平に平衡する。

作動原理　（1, 2）を垂直に固定して，左右の皿をまったく同一につくり，かつ支点 **1**, **2** がそれぞれ直線（**3**, **5**）と（**4**, **6**）の少し上にあるようにする。

07/04

万能製図定規

universal drafting machine

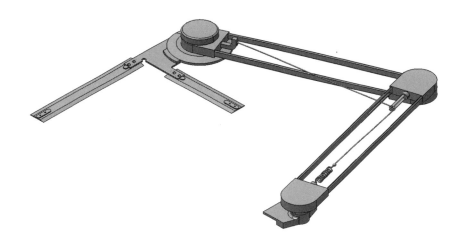

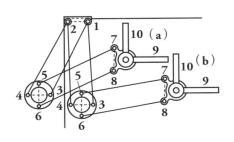

概要 定規は〔たとえば(**a**)の位置から(**b**)の位置に〕平行に移動することができるから、任意の位置に平行線を描くことができる。

作動原理 (1, 2)＝(3, 4), (2, 4)＝(1, 3), (5, 6)＝(7, 8), (5, 7)＝(6, 8) である。また、直角定規9, 10は回すことができるから、傾斜する直線も描くことができる。

使用例 設計製図機械として販売されている。

07/05

直交の平行クランク

parallel cranks cross compound

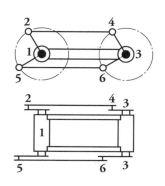

概要　1側のクランクが回転力を伝えるのに不利な位置にあるとき，他側のクランクは有利の位置にあるから死点はない。

作動原理　クランク（**1**, **2**），（**3**, **4**），（**3**, **6**），（**1**, **5**）は相等しく，連結棒（カップリングロッド）（**2**, **4**），（**5**, **6**）は両軸間距離（**1**, **3**）と相等しい。また軸**1**のアーム（**1**, **2**），（**1**, **5**）は直交し，軸**3**のアーム（**3**, **4**），（**3**, **6**）も直交する。軸**1**は（**2**, **4**），（**5**, **6**）によって平行軸**3**を回転し，その速比は１である。

使用例　機関車の左右の車輪の結合に応用された。

08章
平行運動
parallel motions

平行四辺形をなした四節回転機構を利用すれば，リンク機構内の2個あるいは2個以上の点をつねに平行運動させることが容易にできる。平行運動は直線運動の別名もあるが，円運動を直線運動にあるいは直線運動を円運動に変える機構である。

＊各機構の発明者（創案者）の経歴や発案プロセスなどを検索して調べることにより，機構の基礎と応用をくわしく知ることができる。

08/01

ポーセリエ平行運動

Peaucellier's parallel motion

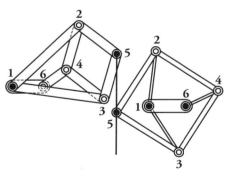

概要 リンクだけを用いて正確に幾何学の定義に適する直線を描く機構である。この機構は，フランス人ポーセリエが発明した。

作動原理 リンク（**1**，**2**）と（**1**，**3**）はたがいに等しく，リンク（**2**，**5**），（**5**，**3**），（**3**，**4**），（**4**，**2**）は相等しい。また，リンク（**1**，**6**）と（**6**，**4**）もたがいに等しい。リンク（**1**，**6**）を固定すると，点**5**はリンク（**1**，**6**）に直角な直線を描く。機構 **1**，**2**，**3**，**4**，**5** をポーセリエセルという。

08/02

ハート平行運動

Hart's parallel motion

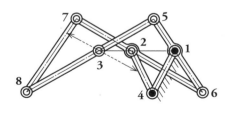

概要　この機構は，イギリス人ハートが発明した。

作動原理　リンク（5，6）と（7，8）はたがいに等しく，リンク（6，7）と（5，8）は相等しい。また，リンク（1，4）と（4，2）もたがいに等しい。回り対偶1，2の中心，および点3は，それぞれリンク（5，6）と（7，6）と（5，8）の中心線上にあって，これを同じ比に分ける。リンク（1，4）を固定すれば，点3はリンク（1，4）に直角な直線を描く。

08/03

ブリカード平行運動

Bricard's parallel motion

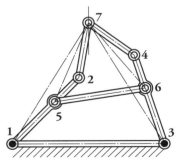

概要 リンク (7, 2) と (7, 4) はたがいに等しく, リンク (1, 2) と (3, 4) も相等しい。

作動原理 3点 1, 2, 5 および 3, 4, 6 は, それぞれ同一直線上にあって (2, 5)：(2, 7)＝(2, 7)：(2, 1), (4, 6)：(4, 7)＝(4, 7)：(4, 3), (5, 6)：(1, 3)＝(2, 7)：(2, 1) である。リンク (1, 3) を固定すれば, 点 7 はリンク (1, 3) を直角に二等分する直線上に運動する。

08/04

ケンプ平行運動（その1）

Kempe's parallel motion_no. 1

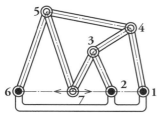

概要 〔(1, 4)／(1, 2)〕＝〔(4, 5)／(2, 3)〕
＝〔(5, 6)／(3, 4)〕＝〔(6, 1)／(4, 1)〕，
(3, 4)＝(3, 7)＝(3, 2) と (5, 4)＝(5,
6)＝(5, 7) である。

作動原理 3点1, 2, 6を同一直線上に置
けば，点7はこの直線上に運動する。

08/05

ケンプ平行運動（その2）

Kempe's parallel motion_no. 2

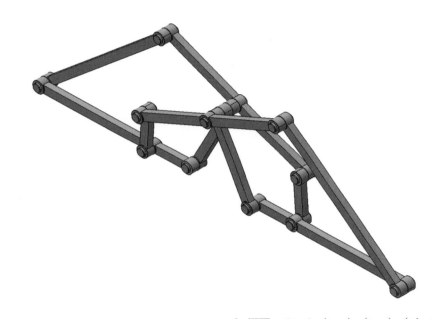

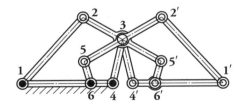

概要 リンク (1, 2), (1, 4), (1′, 2′), (1′, 4′) はたがいに等しい。リンク (2, 5′) と (2′, 5) は相等しく，その中央で対偶する。また，リンク (4, 3), (4′, 3), (5, 3), (5′, 3), (2′, 3) も相等しく，リンク (4, 6), (6, 5), (4′, 6′), (6′, 5′) も相等しい。

作動原理 3点 1, 6, 4 および 4′, 6′, 1′ は，それぞれ同一直線上にある。リンク (1, 2) はリンク (3, 4) の2倍でリンク (5, 6) の4倍である。リンク (4′, 6′, 1′) は左右に直線運動をする。

08/06

ケンプ平行運動（その3）

Kempe's parallel motion_no. 3

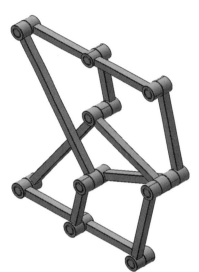

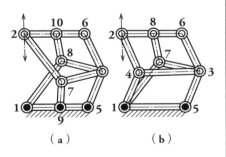

（a） （b）

概要 図（a），（b）は，いずれも点2が直線を描く。

作動原理 図（a）において(2, 6) = (2, 7) = (1, 8) = (1, 5)，(3, 6) = (3, 8) = (3, 7) = (3, 5)，(10, 6) = (10, 8) = (9, 7) = (9, 5)，(5, 9) : (3, 5) = (3, 5) : (5, 1) である。点1, 9, 5 および2, 10, 6 はそれぞれ同一直線上にある。図（b）は図（a）と同一に組立てられる。リンク (1, 5)，(3, 4) と (3, 4)，(2, 6) は平行リンクで，図（a）のリンク (2, 7) と (7, 3) と (7, 9) の代わりにリンク (2, 4) と (4, 3) と (1, 4) を組立てる。

08/07

ヒスコックス平行運動

Hiscox's parallel motion

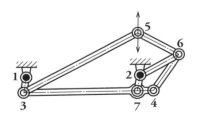

概要 リンク (**3, 5**)＝(**3, 4**) と (**5, 6**)
＝(**2, 6**)＝(**4, 6**) と、リンク (**2, 7**)＝
(**7, 4**)＝(**1, 3**) と (**3, 7**)＝(**1, 2**)、およ
び (**3, 5**)：(**5, 6**)＝(**5, 6**)：(**2, 7**) とす
る。

作動原理 3点 **3, 7, 4** は一直線におく。
点 **5** が (**1, 2**) に直角な方向に直線運動を
する。

ホワイト平行運動

White's parallel motion

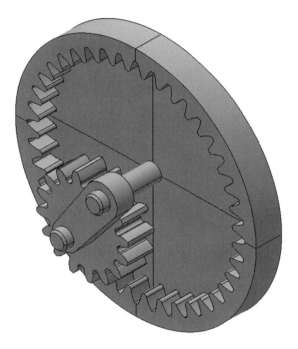

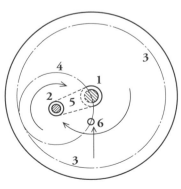

概要 内歯平歯車 3 に歯数半分の平歯車を組む。内歯平歯車 3 と同軸のクランク（**1**, **2**）のピン 2 は，歯車 4 の軸である。6 は歯車 3 のピッチ円周上の 1 点である。

作動原理 内歯平歯車 3 が静止しているときに，クランク（**1**, **2**）を回転すれば，点 6 は往復直線運動を行う。なお，とくにクランク（**1**, **2**）が等速回転するときに，点 6 は同じ周期のサイン運動を行うので，正弦波発生機とも呼ばれる。

ルーロー平行運動

Reuleaux's parallel motion

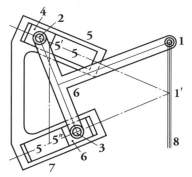

概要　ドイツ人ルーローの発明である。

作動原理　点1は両スライドの軸線の交点 1′ を通過する直線運動をする。通常1′, 5′, 5″ を二等辺三角形とするが, これは必要条件ではない。

伊藤平行運動

Ito's parallel motion

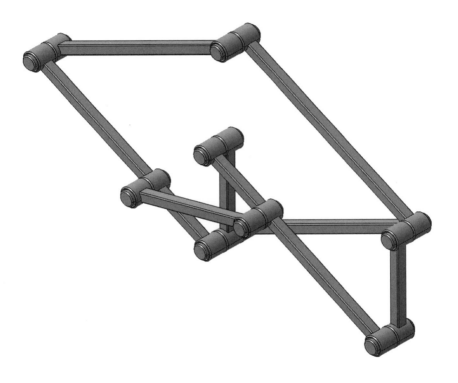

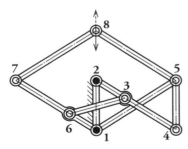

概要 この機構は，伊藤茂が発明した。
作動原理 点 1, 2, 3, 4, 5, 6, 7 は，後項 **10/03** のケンプリバーサである。リンク (5, 8) と (7, 8) はいずれもリンク (1, 5) に等しい。リンク (1, 2) を固定すれば，点 8 はリンク (1, 2) の直線上を運動する。

浅川平行運動（その1）

Asakawa's parallel motion_no. 1

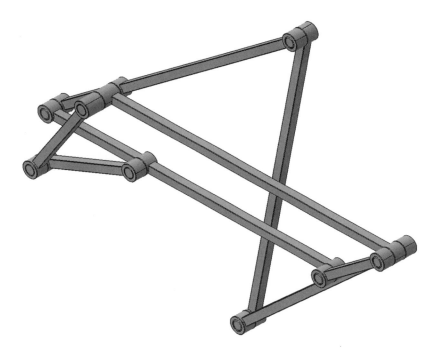

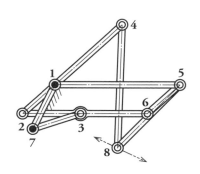

概要　この機構は浅川権八の考案である。

作動原理　リンク（1, 2）＝（5, 6）,（1, 5）＝（2, 6）,（1, 7）＝（3, 7）,（1, 4）＝（5, 8）,（1, 5）＝（4, 8）である。3点 1, 2, 4 および 2, 3, 6 は、いずれも同一直線上にあって,（2, 3）：（2, 6）＝（2, 1）：（1, 4）とする。リンク（1, 7）を固定すると、点 8 はリンク（1, 7）に直角な直線を描く。リンク（7, 3）を除いて、リンク（1, 7）に等しいリンク（7, 8）を用いれば、点 3 は直線を描く。

08/12

浅川平行運動（その2）

Asakawa's parallel motion_no. 2

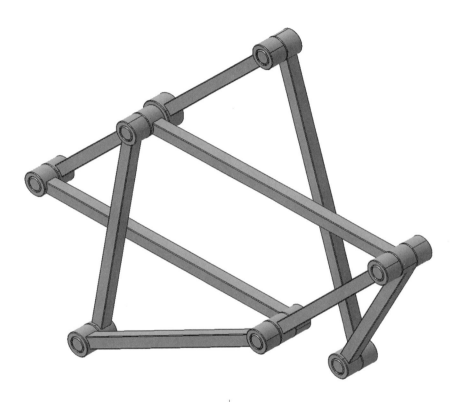

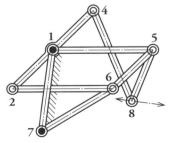

概要　この機構は浅川権八の考案である。
作動原理　前項 08/11 の浅川平行運動（そ
の 1）をリンク（1, 2）＝（1, 4）＝（5, 8）＝
（5, 6），（1, 5）＝（4, 8）＝（2, 6），（1, 7）
＝（6, 7）に改造して，リンク（1, 7）を
固定すれば，点 8 はリンク（1, 7）に直角
な直線を描く。

08/13

浅川平行運動（その3）

Asakawa's parallel motion_no. 3

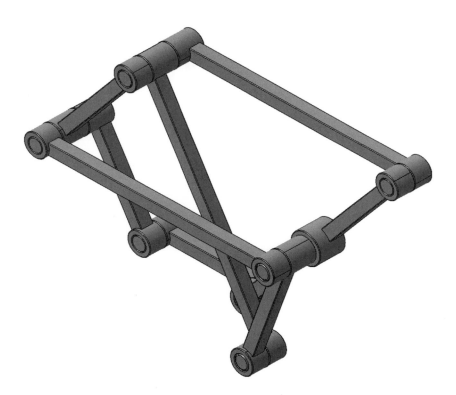

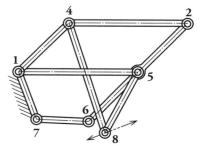

概要 この機構は浅川権八の考案である。
作動原理 前項 **08/12** の浅川平行運動（その2）を改造して，平行リンク（**1, 2**）と（**6, 5**）の代わりに平行リンク（**1, 4**）と（**2, 5**）をつくり，点 **2, 5, 6** を同一直線上にする。リンク（**1, 7**）を固定すれば，点 **8** はリンク（**1, 7**）に直角な直線を描く。

09章

近似平行運動
approximate parallel motions

実用上において無理がない近似平行運動をする機構が対象である。近似直線運動の別名があり，08章で説明した平行運動よりも構造が簡素化されているので，利活用されることが多い。

09/01

スコットラッセル近似平行運動

Scott Russell's approximate parallel motion

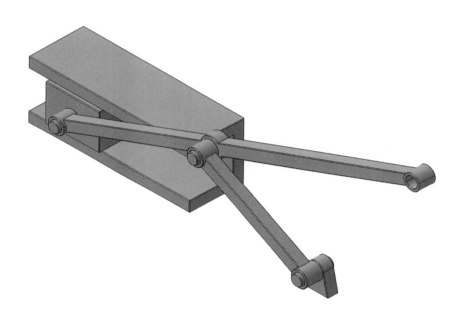

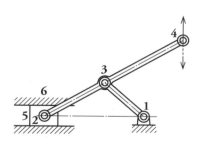

概要 実用上使用にさしつかえない程度に近似平行運動をする機構である。点 **2**, **3**, **4** は同一直線上にある。リンク (**1**, **3**) : (**2**, **3**) = (**2**, **3**) : (**3**, **4**) である。

作動原理 **5**, **6** はすべり対偶で, この中心の描くスロッターの軸線は, 点 **1**, **2** を結んだ直線上を移動する。点 **4** は近似直線を描く。特別な場合として, 点 **3** がリンク (**2**, **4**) の中点であるときには, 点 **4** は厳正直線運動を行う。

09/02

ワット近似平行運動

Watt's approximate parallel motion

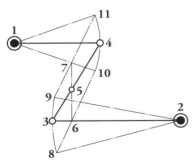

概要 イギリスのワットが初めて外燃機関にこの機構を用いたので，この名が付いた。リンク（5，3）：（5，4）＝（1，4）：（2，3）である。

作動原理 図においてリンク（1，4）と（2，3）を平行の位置に置く。ここで両者を上下に振れば，点5は近似直線を描く。リンク（1，4）と（2，3）がたがいに等しいとき，点5はリンク（3，4）の中点である。

09/03

コンコイダル近似平行運動

conchoidal approximation parallel motion

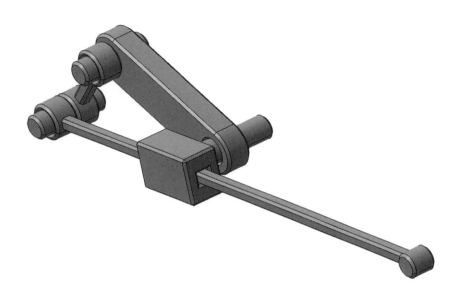

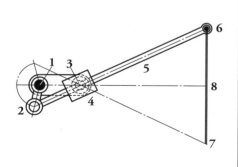

概要 この機構は，ループの一部をクランク（**1, 2**）のピン**2**によって近似を描くようにつくってあるので，逆に点**6**は近似直線を描くことになる。

作動原理 軸**3**で回るスライダ**4**は，ロッド**5**とすべり対偶をなす。（**1, 2**）はクランクである。このとき，ロッド**5**上の特殊な点**6**は，近似直線を描く。定長の直線（**6, 2**）が定点**3**を通過し，かつ一端**6**が与えられた直線上を運動すれば，他端**2**は点**3**において交わるループを描く。これをコンコイダル曲線という。

09/04

ルーロー近似平行運動

Reuleaux's approximation parallel motion

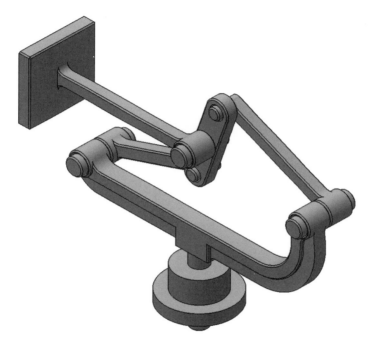

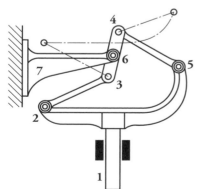

概要 ルーローの近似平行運動は，ワット近似平行運動の転置によって得られる機構である。

作動原理 2, 3, 6, 4, 5 は，前項 09/02 のワット近似平行運動である。ロッド 1 は上部の二つの枝に左右ピン 2, 5 をもつ。ロッド 1 の中心線は点 6 を通過し，上下に直線運動をする。

09/05

リンクによる近似直線運動

approximate linear motion by link

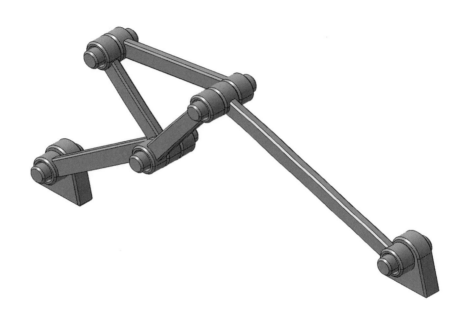

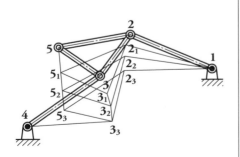

概要 ピン1を固定し△2, 3, 5とリンク (1, 2) の回り対偶点を2とする。頂点5の動く直線路を5, 5_3 とし，その間に2点，5_1, 5_2 をとる。

作動原理 点2が半径1, 2の円弧上にあるように△2, 3, 5を移して，点3，3_1, 3_2, 3_3 を作図する。これらの諸点を近似的に通過する円弧を描き，その中心4を固定すればリンク機構5は近似直線運動を行う。

10章
パンタグラフ（縮図器）
pantographs

与えられた線図を相似形に縮図し，または引き延ばす機構およびこれに類する機構を対象としている。08章の平行運動よりも構造が簡単であることから利活用されることが多い。

10/01

食違いパンタグラフ

skew pantograph

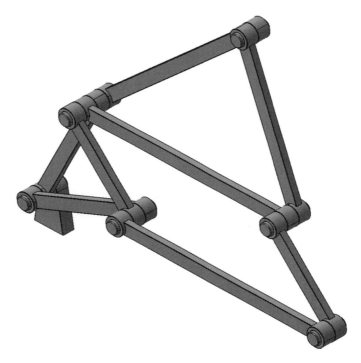

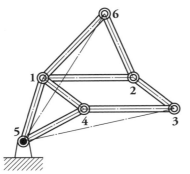

概要 発明者のシルベスタは，食違いパンタグラフをプラギョグラフと名付けた。1，2，3，4 は平行四辺形で，△6，1，5 と△3，4，5 は相似形である。

作動原理 中心 5 を固定すれば，両点 3，6 は同時に相似形を描き，その大きさの比は（4，5）：（1，5）である。

10/02

インジケータ糸張り

indicator rig

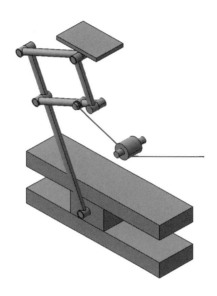

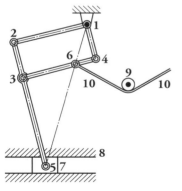

概要 与えられた線図を相似形に縮図し，または引き伸ばし，対称図形として描き出す機構である。

作動原理 1, 2, 3, 4 は平行リンクである。リンク (1, 2)＝(3, 4)，(2, 3)＝(4, 1) であり，(4, 6)：(3, 6)＝(1, 4)：(3, 5) である。点 1, 6, 5 は同一直線上にある。点 5 の端はエンジンのクロスヘッドピンまたはピストンに取り付けられる。点 6 から張られた糸 10 は，インジケータの糸に連結する。クロスヘッドまたはピストン 7 の左右往復運動は，点 6 の運動と相似である。

使用例 外燃機関または内燃機関のインジケータ線図を描くインジケータに用いられる。

10/03

ケンプリバーサ

Kempe's reversor

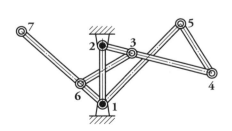

概要 $(1, 2) = (4, 5) = (3, 6)$, $(1, 5) = (2, 4) = (1, 7)$, $(2, 3) = (1, 6) = (1, 2)$ $2 : (2, 4)$ である。

作動原理 リンク $(1, 5)$ がどんな位置にあっても，$\angle 5, 1, 2$ と $\angle 2, 1, 7$ はたがいに等しい。ゆえに点 5, 7 は，直線 $(1, 2)$ を対称の軸とする線図を描く。$(2, 3) : (1, 2) = (1, 2) : (2, 4)$ である。

10/04

図回転器

rotator

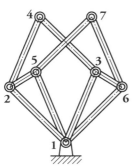

概要 1, 2, 3, 4, 5, 6, 7 は，いずれも回り対偶である。(1, 2), (1, 3), (1, 5), (1, 6), (4, 2), (4, 3), (7, 5), (7, 6) はたがいに等しく，かつ (2, 5) と (3, 6) はたがいに等しい。

作動原理 軸1を固定し，点4で線図を描けば，点7は前者と同一の線図を描く。その位置は軸1を中心として前者を ∠2, 1, 5 だけ回転した位置にある。

10/05

クロスビーインジケータ

Crosby indicator

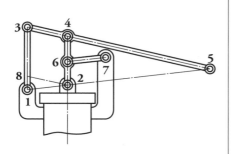

概要　点 2 はピストン上部のピン接合である。リンク（**1**，**3**）と（**2**，**4**）は平行で，点 **1**，**2**，**5** を同一直線上に置く。

作動原理　この条件に適するためには，リンク（**2**，**8**）と（**3**，**4**）を平行にし，平行リンク **3**，**4**，**2**，**8** をつくる。また，リンク（**3**，**5**）：（**4**，**5**）＝（**1**，**3**）：（**2**，**4**）とし，パンダグラフ **1**，**2**，**5**，**4**，**8**，**3** を得れば，点 **5** の上下直線運動は点 **2** と相似運動を行う。リンク（**2**，**4**）上の点 **6** の軌跡を求め，軸 **7** を中心とする半径（**6**，**7**）の円弧で置き換え，リンク（**6**，**7**）を入れるとリンク（**2**，**8**）を外すことができる。

11章
歯車および歯車機構
toothed wheels and gearings

歯車は，伝動車の周囲に歯形を付けて確実な動力伝達を可能にした機械要素である。機械に多く使用され，その種類は多く，また多様である。減速や増速，回転軸の向きや回転方向を変えたり，動力の分割などに用いられる。最近の歯車材料は，騒音防止の目的でMCナイロンなどが使われている。

11/01

双曲線面体組合せ

combination of hyperboloid

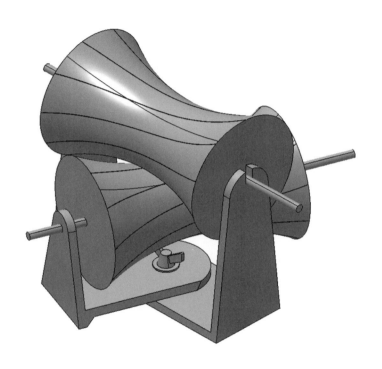

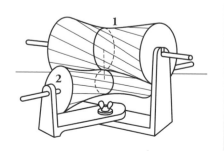

概要　1と2は軸が斜交した双曲線面体で,両者は直線上でたがいに接触する。この接触直線を母線という。すなわち,1,2の軸の周囲にそれぞれ母線を回転させたときに生じた曲面である。したがって,たがいに接触する部分を各軸に直角に輪切りにし,その母線にそって歯を刻んだ歯車をつくることができる。これを食違い軸歯車という。

輪形ピン歯車と小歯車

annular pin wheel and pinion

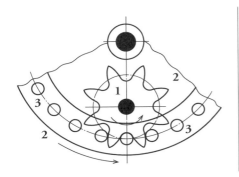

概要 2枚の輪形板を側板とし，その間に
ピン **3** をはしごのように取り付けた車を輪
形ピン歯車という。側板にはさまれた小歯
車が，これとかみ合う。両軸は平行である。

11/03

小歯車と二つのラック

two racks and pinion

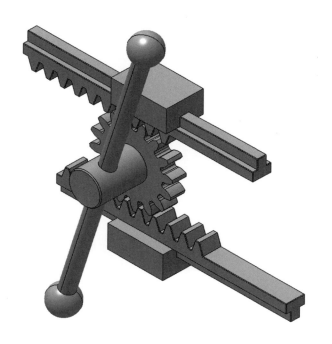

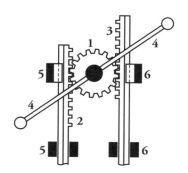

概要　左右の平行なラック **2** および **3** は，それぞれ小歯車 **1** とかみ合う。ハンドル **4** は小歯車 **1** とともに回転する。

作動原理　ハンドル **4** を左右に振ると，ラック **2**，**3** は上下運動をする。

使用例　小型ポンプなどに応用される。

11/04

扇形歯車とラック

sector gear and rack

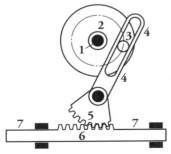

概要 扇形歯車5の上部にあけた溝4に, 円板クランク2から突出したピン3が入る。

作動原理 軸1の回転は, ラック6に往復運動を与える。1, 2, 3, 4は早戻り機構であるから, ラック6を刻んだ棒7は早戻り運動をする。

11/05

溝付き小歯車とピン車

slotted pinion and pin wheel

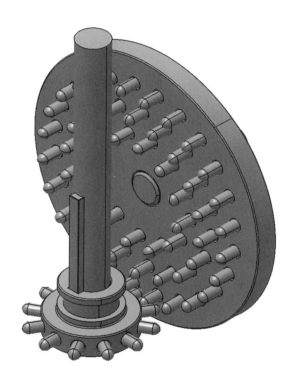

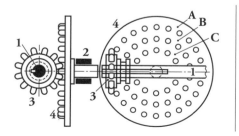

概要 キー付き水平軸 1 が貫通する小歯車
3 は，A，B，C 列に配列するピン車とかみ
合う。

作動原理 4 が駆動歯車のときは，被動歯
車 3 は 3 段階の速度で回転する。

11/06

扇形圧縮機（セクタプレス）

sector press

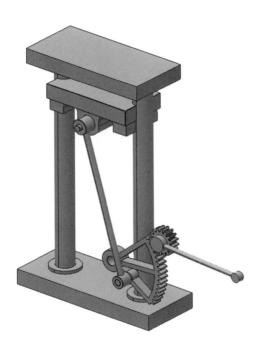

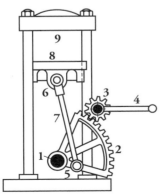

概要　ハンドル 4 を時計方向に回すと，小歯車 3 は扇形歯車 2 を反時計方向に回し，台 8 は上昇し 8, 9 の間の品物を圧縮する。(1, 5) が垂直に近づくにしたがって圧縮力が強大になる。扇形車の僅小の回転角を，小歯車 3 の回転角に拡大するために用いる場合がある。これを扇形歯車と小歯車という。

使用例　圧力計などにその応用例がある。

11/07

正転逆転中止機構

forward/reverse rotation stop mechanism

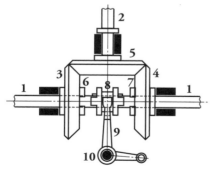

概要 接近した両軸の運動伝達に用いられる。回転速比は一定である。

作動原理 かさ歯車 **3, 4** はその位置において軸 **1** 上に遊動しており，かさ歯車 **5** は軸 **2** に固定されている。**8** はキーと溝によって **1** とすべり対偶をなし，かつ **6, 7** とそれぞれクラッチを構成する。**1** が回転するとき，**8** を右に移せば **4** と **5** が **2** を回転させるが，**8** を左に移せば **3** と **5** が **2** を逆回転させる。

8 を図のように中央に置けば，**2** は回転しない。**2** を駆動軸とし，**1** を従動軸としてもさしつかえない。

逆転機構（その1）

reversing gear_no. 1

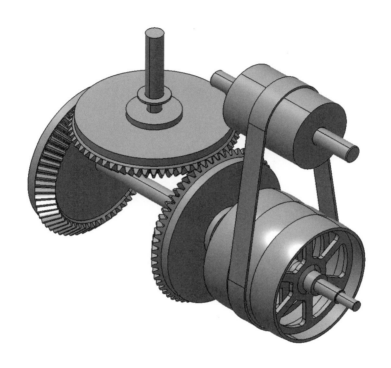

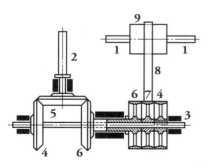

概要　ベルト車4とかさ歯車4は，軸3にキー止めし，ベルト車7は遊動する。ベルト車6とかさ歯車6は，中空軸によって連結されて一体をなし，軸3上に遊動する。
作動原理　ベルト8を右に寄せるとベルト車4とかさ歯車4が軸2を回転させる。ベルト8を左に寄せるとベルト車6とかさ歯車6が2を逆回転させる。

11/09

逆転機構（その2）

reversing gear_no. 2

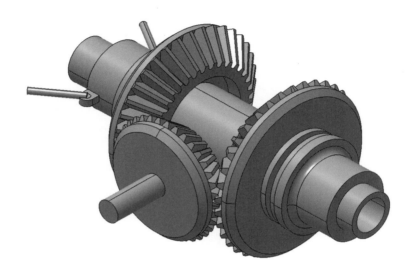

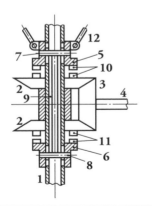

概要　1はその位置で回転する中空軸であり，2，2，3はその位置で回る かさ歯車である。5，6はキー7，8，9によって軸1とともに回転するが，上下動は自由で，10，11とそれぞれクラッチを構成する。1を駆動軸，4を従動軸とする。

作動原理　図示の位置では軸1の回転は軸4に伝わらない。1が下方に動くと，5と10がかみ合って，上の2と3を経て4を回すが，1が上方に動くと，6と11がかみ合って，下の2と3を経て4を前者と逆の方向に回す。

使用例　水車の調速機などに応用される。

11/10

早戻り機構

quick return motion

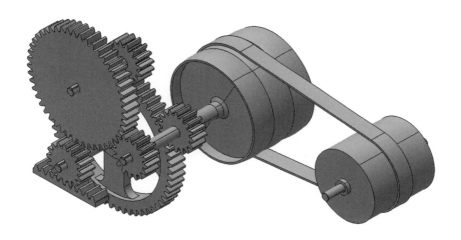

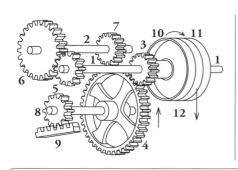

概要　歯車とベルト車の合体機構である。ラックの前進は遅く後退は速いので，早戻り機構の名がある。

作動原理　ベルトが **10** に掛かると回転は **3**，**4**，**8** の順序に伝わり，**8** はラック **9** を手前に動かす。ベルトが **11** に掛かると，回転は軸 **1** から歯車 **5**，**6**，**7**，**4** の順序に伝わり，**8** はラック **9** を前進させる。

使用例　平削り盤に応用されている。

11/11

スライダクランクとウォームの組合せ

combination of slider crank and worm

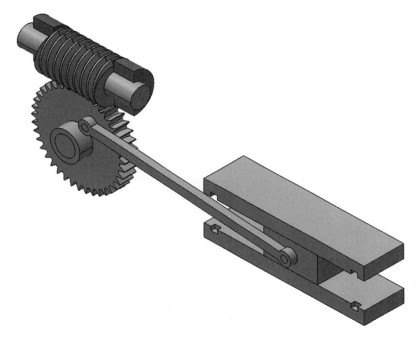

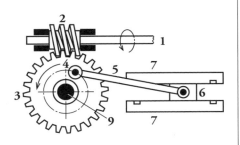

概要　スライダクランクとウォーム歯車の組合せである。

作動原理　ウォーム 2 の回転はウォームホイール 3 を回転させ，3 の側面に突出したピン 4 が，連結棒 5 によってスライダ 6 を動かす。2 の回転モーメントは 6 に強大な力として伝わる。とくに点 4 が死点に近づくと非常に大きくなる。

使用例　圧縮機に応用されている。

11/12

自動逆転機構

self-reversing motion

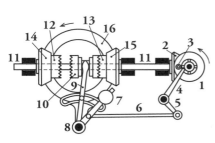

概要 1，2 はかさ歯車の組み合わせであり，3 はかさ歯車1の裏面に突起したピンである。また，4，5 はベルクランクで，7，9 は同軸に固着するてこである。かさ歯車 14，15 は水平軸 11 上に遊動する。クラッチ 10 は，キーと溝によって軸 11 とすべり対偶をなす。かさ歯車 16 は直角な駆動軸に，取り付けられて，歯車 14，15 と組み合って軸 11 を回転させる。

作動原理 図の状態で歯車 1 が矢の方向に回転して，ピン 3 がてこ 4 に突き当り，これを押すと，てこ 9 はまず 10，13 のかみ合いを外す。回転の慣性はさらに左に歯車 10 を進ませて歯車 12 とかませ，歯車 16 は歯車 14 を回転させ，歯車 1 を前と逆方向に回転させる。そして歯車 3 がベルクランク 4 を右方から打って，歯車 10，12 のかみ合いを外し，再び歯車 10，13 を掛ける。こうして自動逆転運動を継続する。

11/13

換え歯車（チェンジギヤ）

change gear

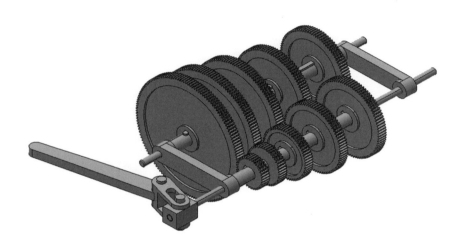

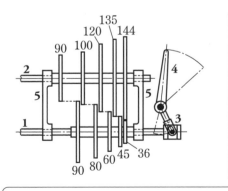

概要 **1**は駆動軸，**2**は従動軸である。てこ**4**によって軸**1**を移動させて歯車の組合せを変え，5段階の速度に伝動することができる。図中の各歯車の数字は歯数を示す。

使用例 自動車・旋盤などに応用される。

12章
変形歯車
irregular formed gears

変形歯車は，速い動きと遅い動きを交互に生み出したり，1回転するなかで変則的な動きをつくるなど，不等速運動を行う機構に使われる。一般的には製作に困難なもの，時間を要するものが多いので，やむをえない場合にだけ用いるようにしたい。

12/01

オーバル歯車

oval gear

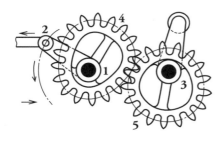

概要　一般的に用いられる歯車とは形状の異なる特殊な機構である。ピッチ円直径が卵形に似ているのでこの名称がある。

作動原理　歯車5が歯車4を回す。歯車4と5の回転速比が一様でなく，1回転中に極大・極小をもつ早戻り運動をする。

12/02

1回転中1回休む歯車（その1）

gears that rest once during one rotation_no. 1

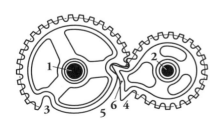

概要　**1**は駆動車，**2**は従動車である。

作動原理　円弧の部分**5**が魚の尾びれに類似した形状の部分**6**に接している間は，軸**1**が回っても軸**2**は静止している。それ以後は，両歯車の歯がかみ合って**1**は**2**を回す。よって，**1**の1回転中に**2**は静止するときがある。凹部**3**と凸部**4**は，歯車の歯がかみ始めるための媒介をする。**5**の円弧の部分を静止弧といい，**6**の円弧を鞍（くら）曲線という。

12/03

1回転中1回休む歯車（その2）

gears that rest once during one rotation_no. 2

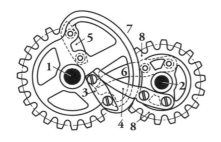

概要 カム3, 4と5, 6のかみ合いは，歯車の歯がかみ始めるための媒介をする。軸1はどちらの方向に回転しても軸2を動かすことができる。カム3, 4および5, 6の組合せをスパーともいう。

12/04

１回転中１回休む歯車（その3）

gears that rest once during one rotation_no. 3

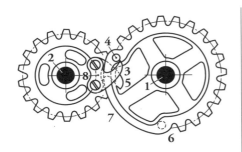

概要 歯車１の側面から突起したピン４と，歯車２の側面に取り付けられたカム３は，歯車の歯がかみ始めるための媒介をする。反対側面の5,6のかみ合いも同じようなピンとカムであって，逆回転させるために必要である。

12/05

1回転中1回休む歯車（その4）

gears that rest once during one rotation_no. 4

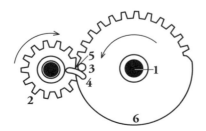

作動原理 欠歯歯車1の円周部，すなわち静止弧6が歯車2の鞍（くら）曲線5に接する間は，歯車2は静止している。3と4が接触すると，両歯車の歯はかみ合って歯車2は回転する。

12/06

1回転中3回休む歯車

gears that rest 3 times during one rotation

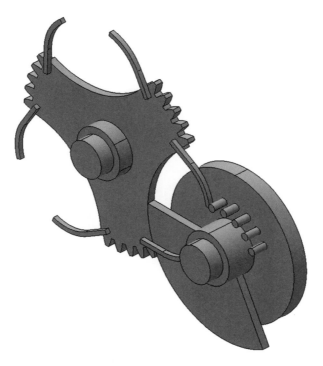

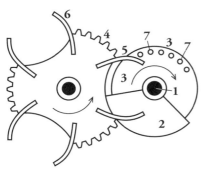

概要 扇形板2は欠歯歯車4と同一平面にあり，円板3は同一平面にない。

作動原理 軸1の連続3回転に対して，歯車4は断続的に1回転する。多数のピン7は歯車4とかみ合う。3組のスパー5と6は，歯車4とピン7がかみ始めるための媒介をする。軸1の連続3回転に対して，歯車4は断続的に1回転する。

12/07

マングル歯車と小歯車

mangle wheel and pinion

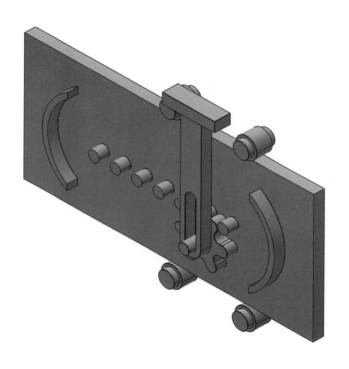

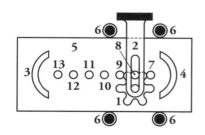

概要 板5は，上下のころ6を案内にして左右に往復運動をする。

作動原理 小歯車1の軸は回転しながら上下に変位することができる。板5から突起したピンの列7，8，〜13をピンラックという。案内3と4は小歯車がピン13とかみ合いながらその周囲を回るとき，1の軸を外から押さえる三日月状の突起片である。

12/08

1回転中3段階に変速する歯車

gears that change 3 speeds during one rotation

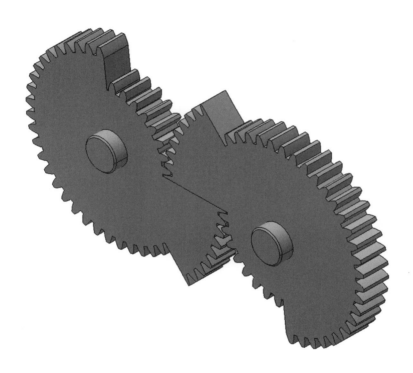

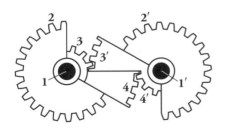

概要　左右両歯車において，歯列 **2**, **3**, **4** はそれぞれ歯列 **2′**, **3′**, **4′** とかみ合う。

作動原理　軸 **1** の等速回転は，軸 **1′** を3段階の速度で回転させる。ただし，歯列 **2** と **2′** がかみ合えば，両軸の回転速度は等しい。

12/09

ローブ車

lobed wheel

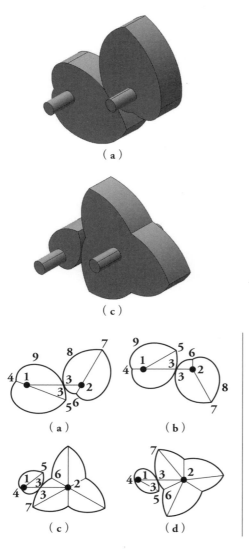

(a)

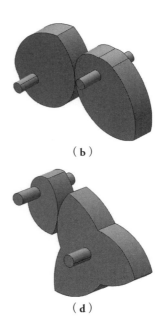

(b)

(c)

(d)

概要 平行軸 **1** と **2** には，外縁が対数曲線（等角曲線ともいう）の車を取付ける。両者はすべりなく回転する。したがって，この曲線にそって歯を加工すれば，ローブ歯車を作ることができる。

作動原理 この歯車は，普通の歯車のように順次に組合せて運動を伝える。図（**a**）と図（**c**）の外縁は対称形であるが，図（**b**）と図（**d**）は対称でない。

12/10

早戻り円運動

quick return circular motion

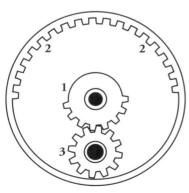

概要 欠歯歯車 1, 2 は同軸に取り付けられており，同時に回転する。

作動原理 図において，1，2 が駆動軸となって右回転すると，小歯車 3 は 1 とかみ合っている間は左回転するが，これが外れると，ただちに 2 とかみ合い始めて右回転する。2 の右回転よりも速い。

12/11

変形ウォームギヤ

novel worm gear

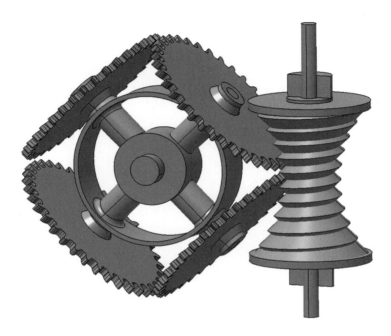

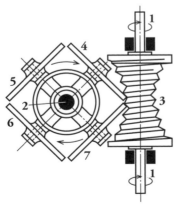

概要 平歯車 4, 5, 6, 7 は，軸 2 から十字状に伸びた軸上で回転する。軸 3 は中央がくびれた三角形ねじをもち，このねじ断面は平歯車と同じピッチの歯形でなければならない。

作動原理 軸 1 の回転は歯車 4 と 7 を回しながら軸 2 を回す。歯車 4 と 7 が軸 3 の下のねじ歯車から離れるとき，歯車 4 と 5 が 3 の上のねじ歯にかみ合う。ウォームとウォームギヤと同じ作用で，それよりも摩擦が非常に少ない特徴がある。

13章
ベルト車とロープ車
belt pulleys and rope pulleys

回転する軸に取りつけた車に, ベルトあるいはロープのような物体が柔軟であり, 折り曲げることが可能で, 車に巻きつけて動力を伝達する方法である。ベルトによるものをベルト伝動, ロープによるものをロープ伝動, またベルトを巻きつける車をプーリー（ベルト車）, ロープを巻きつける車をロープ車（綱車）という。いずれも動力を伝達する2軸間の距離が長いときに, 伝動機構の重量, 容積が歯車伝動機構などに比べて少なくてすみ, 価格も安いので多く用いられている。

斜交軸と 2 個の案内車

oblique shaft and two guide wheels

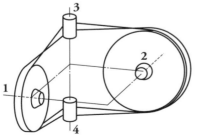

概要 ベルト車 1, 2 は, 案内車 3, 4 によって動力を伝える。軸 1, 2 は, 左右どちらの方向にも回転することができる。

13/02

平行軸と 2 個の案内車

parallel shaft and two guide wheels

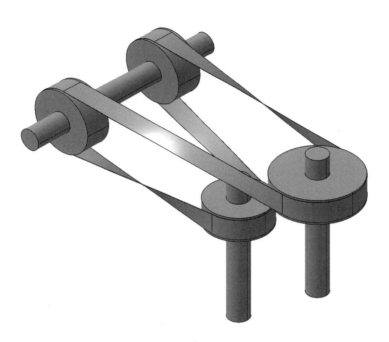

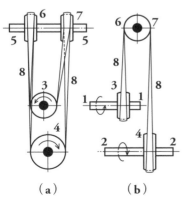

（a）　　　（b）

概要　軸 1 のベルト車 3 は，案内車 6, 7 に
よって，接近する平行軸 2 のベルト車 4 に
動力を伝える。軸 1, 2 は，左右どちらの方
向にも回転することができる。

13/03

ベルト車と案内車による平行軸の伝達

parallel shaft transmission by belt wheels and guide wheels

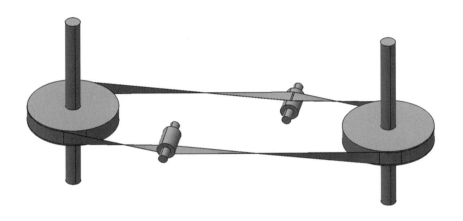

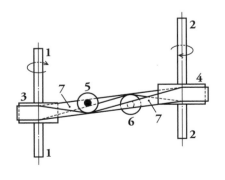

概要　中心面の一致しない2個のベルト車と2個の案内車による平行軸の伝達である。

作動原理　平行軸 1, 2 に取り付けたベルト車 3, 4 の中央面は一致しない。案内車 5 はベルト車 3 の中央面に接して，案内車 6 はベルト車 4 の中央面に接する。両軸は矢印の方向に動力を伝達する。ただし，矢印と反対の方向に回すと，ベルトは外れる。

13/04

2個の案内車による斜交軸の伝達

oblique shaft transmission by two guide wheels

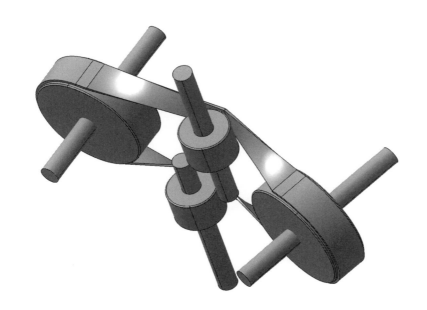

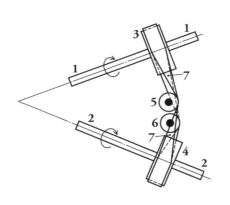

概要 軸 1, 2 が 15° 以上の交角をなし、かつ同一平面上にあるとき、2 個の案内車を用いて動力を伝達する方式である。

作動原理 案内車 5 はベルト車 3 の中央面に接して、案内車 6 はベルト車 4 の中央面に接する。矢印と反対の方向に回すと、ベルトは外れる。

13/05

円すいベルト車

conical belt pulley

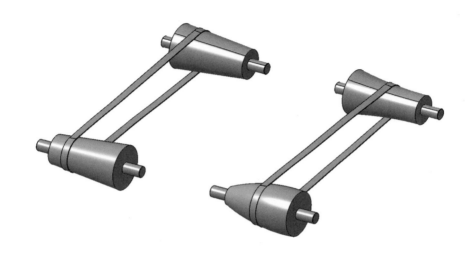

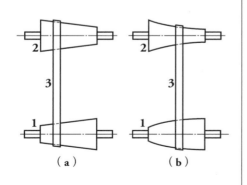

(a)　　　　(b)

概要　軸 1, 2 は平行軸で,軸 1 を原動軸,軸 2 を従動軸とする。ベルトを右あるいは左に移動することによって,両軸の速比を徐々に変化させることができる。図(a)は,同一の円すいを反対の向きに取付けて,両軸の距離が大きな場合に限り使用するものである。クロスベルトであれば,軸間距離は小さくてよい。図(b)はベルトの移動する距離と速比の増減の割合とが,正比例をする形である。使用する皮寄せは,ねじ送りであって正しくその位置にベルトを支持させる。

13/06

回転する半径方向腕

rotating radial arm

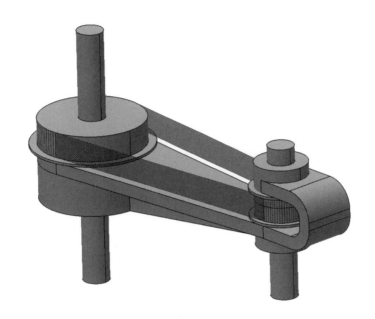

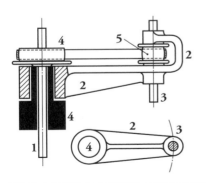

概要 アーム2は軸1を中心に回転することができる。軸1, 3に固定するベルト車4, 5は，一定の長さのベルトであって回転を伝える。軸3は軸1の周囲を回りながら回転する。

使用例 ボール盤などに応用される。

13/07

径を増減する車

wheel with variable diameter

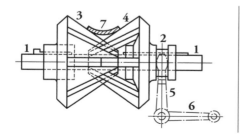

概要 ベルクランク**5, 6**によって，円すいからみ合い車**4**を右または左に移動して，V字形車**3, 4**の径を変えることができる。ロープまたはベルトなどで動力を伝える。

13/08

かじ取り機構（ロープを用いた仕掛け）

steering mechanism (using rope)

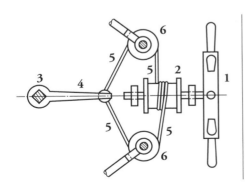

概要 ロープを用いて特殊な機械的運動をするしくみ（機構）である。

作動原理 ロープ 5 は，ドラム 2 を数回巻き，案内車 6 を経て，かじ柄 4 に結び付く。ハンドル 1 を左か右に回して，かじの柄 4 を希望の向きに回すことができる。

13/09

偏心輪による足踏み機構

eccentric treadle link

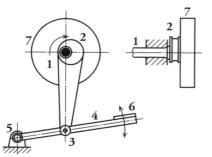

概要 ベルト車 **2** は軸 **1** に偏心して取付けられる。**3** は踏み板 **4** に取付けられた遊び車である。**2, 3** にベルトまたは鎖を掛ける。**7** ははずみ車である。踏み板 **6** を踏んで軸 **1** を回転させる。

糸操り仕掛け

thread winding mechanism

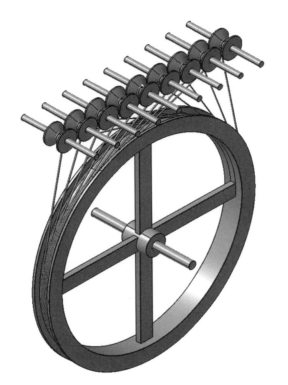

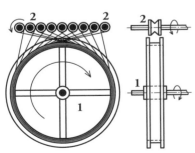

概要　ひもまたは糸を利用したしくみ（機構）である。

作動原理　大きな車 **1** を回転すると，並行する数多くの小軸 **2** はいずれも急速に回転する。

使用例　わが国においては，古くからこのような糸操り機械を用いていた。

14章
つめ機構
clicks and ratchet wheels

つめと周囲がのこぎり歯状をしているつめ車がかみ合い，連続的または断続的な運動を伝えたり，逆転を防ぐ役割を果たす機構である。巻き上げ機やハンドブレーキに用いられている。

14/01

つめ車と止めづめ

ratchet wheel and retaining pawl

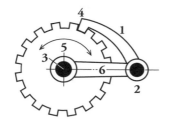

概要 止めづめ 1 を外せば，つめ車 5 を左右どちらにも回転させることができる。止めづめ 1 をつめ車 5 の歯間に掛けると，つめ車 5 は回転できない。つめ車 5 を適度に回したのち，その位置を固定するのに止めづめ 1 を用いる。

つめとつめ車

click and ratchet wheel

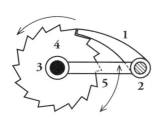

概要　つめの作用によって連続的または断続的に運動を伝えるか, あるいは逆転防止作用をする機構である。

作動原理　アーム 5 の揺動は, つめ 1 を介してつめ車 4 を送る。つめ 1 のアーム 5 を固定すると, このつめはつめ車 4 の反時計方向の回転に対しては, なんら作用を及ぼさないが, 時計方向の回転はできない。この場合, つめ 1 を逆転防止づめという。

14/03

戻り止め

detent

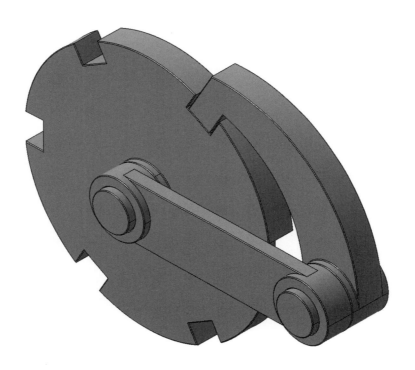

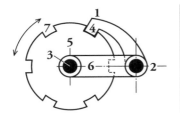

作動原理 戻り止め1は，つめ車5の切欠き7に掛け
外しすることができる。アーム6は軸3に固定し，つ
め車5は軸3上に遊動する。戻り止め1を切欠き7に
掛けると，つめ車5と軸3は一体となって同時に回転
する。戻り止め1を外すと，つめ車5は自由に軸上で
回転する。

14/04

複動づめ（その1）

double acting click_no. 1

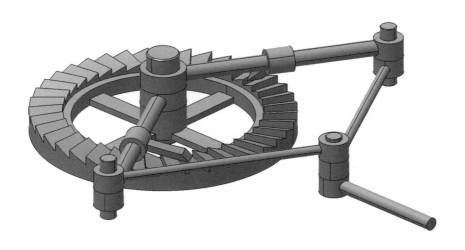

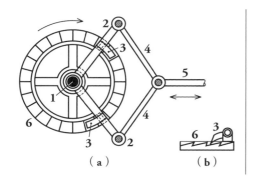

(a)　　　　(b)

作動原理　車6は図(b)に示すように，周囲にのこ（鋸）歯状歯をもつ面つめ車であり，3はつめである。リンク5の左右往復運動は，車6を矢の方向に送る。

14/05

複動づめ (その 2)

double acting click_no. 2

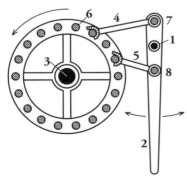

作動原理 車 3 は，外輪に多数のピン 6 を
もつ車である。てこ 2 を左右に振るごとに，
押し棒 4, 5 のどちらかが，ピン車をピン 1
個ずつ送る。

回転づめ

rotating click

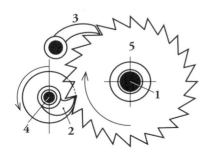

概要 毎回歯を1枚ないし数枚ずつ同一方向に回すことを「送る」という。つめ車を送るつめをクリックという。

作動原理 つめ2が矢印の方向に1回転するごとに，つめ車5の歯を1枚ずつ送る。つめ3は，つめ車5の逆転防止用である。

14/07

３個のつめ付きつめ車

pawl wheel with 3 pawls

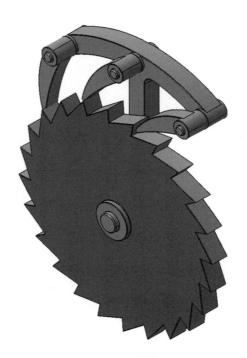

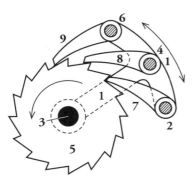

作動原理　つめ7が歯とかむと，つめ8が
ピッチの1/3進み，つめ9は2/3進む。直
径が同一でピッチ1/3のつめ車に，一つの
つめがかむのと同様な細かい送りを掛ける
ことができる。歯が細かいと強度も小さい
ので，強度を上げたい場合には，2〜3個
のつめを用いる。

使用例　この機構は，逆転防止用にも応
用される。

14/08

ハンドボール

ratchet brace

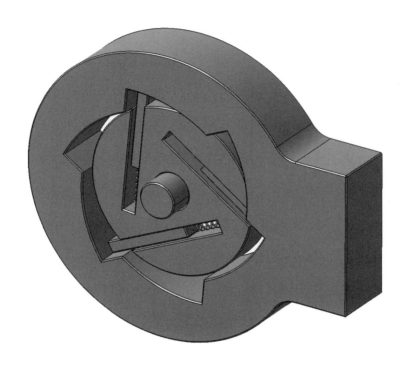

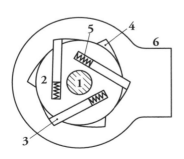

作動原理 棒状のつめ **3** は，軸 **1** に固定された円板 **2** 内を出入りし，圧縮ばね **5** がこれを押す。取っ手 **6** の右回りには円板 **2** も共に回転するが，取っ手 **6** の左回りに対して円板 **2** は回らない。

可逆つめ車

reversible ratchet

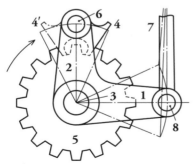

作動原理 ベルクランク 1, 2 は，軸 3 上で遊動する。T 字形つめ 4 を図示のように掛けると，リンク 7 の上下往復運動は歯車 5 を矢印の方向に送る。これに反して，つめ 4 を点線のように移せば，歯車 5 は矢印と反対の方向に送られる。

使用例 工作機械の送り機構などに応用される。

ともえ形つめと内歯つめ車

tomoe-shaped pawl and internal tooth ratchet wheel

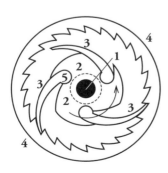

作動原理 内歯つめ車 4 は，つば付き軸 1 上で遊動する。3 個のつめ 3 と組むボス 2 は軸 1 に固定され，ともに回転する。軸 1 を急速に左右に振動させると，車 4 は同一方向（左回り）に回転する。このとき，軸 1 をねじっても，車 4 は回転する。

14/11

つめラックとつめ

ratchet rack and pawl

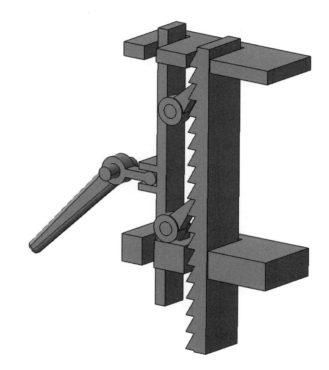

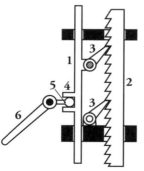

概要　てこによるつめラックの上下動機構
である。

作動原理　てこ **6** を上下振動させると，
ロッド **1** も上下動し，これに付属する上部
のつめ **3** は，つめラック **2** を上方に送る。
下部のつめ **3** は，ラック **2** の逆行を防ぐ。

15章
カム
cams

カムの外形（輪郭曲線）の形状によって，回転，往復，揺動など，複雑な機械的運動，または特殊作用の機械にはカムを利用することが多い。カム機構では，カム（原動節）の輪郭形状にそって動く出力節（従動節）で構成される。すべり接触は，摩擦係数，摩耗が大きい。また転がり接触は，なめらかで追従性がよい利点がある。

15/01

カムとスタンパ

cam and stamper

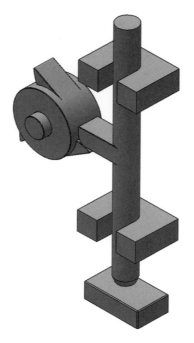

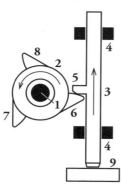

概要 一般的に，機械的運動はカムを用いて容易に行うことができる。複雑な機械的運動，特殊作用の機械に，カムを利用することが多い。

作動原理 周囲に3個の突起 **6**，**7**，**8** をもつカム **2** の1回転が，スタンパ **3** を3回はね上げる。

使用例 砕石機，米つき機などに応用する。

15/02

回転斜板

swash plate

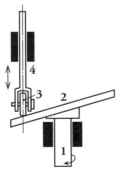

概要 平円板 **2** は立て軸 **1** に斜めに取付けられる。ロッド **4** の下端のころ **3** は **2** に接する。軸 **1** の回転は，ロッド **4** に上下運動を与える。軸 **1** が等速運動すれば，ロッド **4** は単振動する。

15/03

せん断機

shearing machine

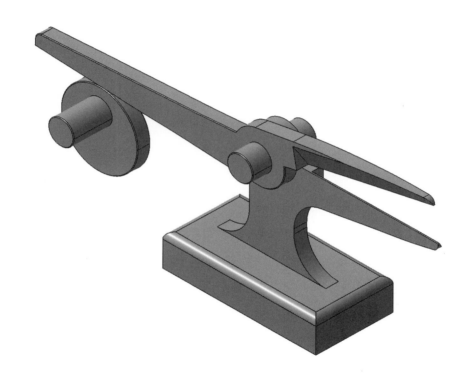

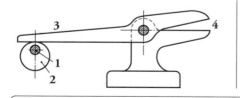

概要　カム 2 の回転によって，はさみ 4 が働く。はさみの柄は刃 4 に比して長いから，強大なせん断力を生じる。

使用例　金属板または丸棒・角棒などをせん断する。

15/04

スタンパ

stamper

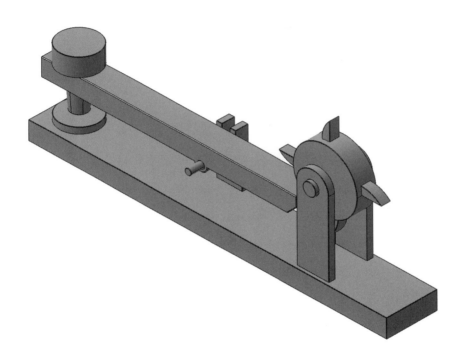

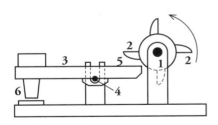

概要 4個のワイパ**2**をもつカム軸の1回転は，スタンパ**3**を4回跳ね上げる。杵**6**の上に石を取付けて，つく力を大きくする。

使用例 むかし使われていた足踏み用米つき機はこの仕掛けである。

15/05

三角カム

triangular cam

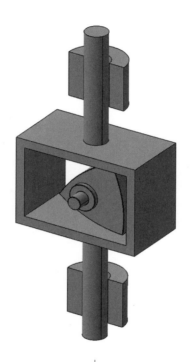

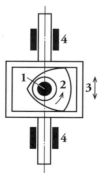

概要　カム 2 が 1 回転する間に，枠つき棒 3 は 1 回の上下運動をして，それぞれその終端で静止する。軸 1 の連続 1 回転は，上下の極において休む往復運動を枠つき棒 3 に与える。

15/06

ハートカム（その1）

heart cam_no. 1

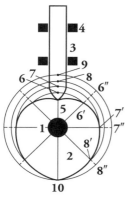

概要 ハートカム上の 5, 6′, 7′, 8′, 10 は，アルキメデススパイラルである。

作動原理 ハートカム 2 の等速 1 回転は，その軸 1 の軸線と直角に交わる直線上を下端が上下するロッド 3 に，等速往復運動を与える。ロッドの上がる距離を揚程という。

15/07

ハートカム（その2）

heart cam_no. 2

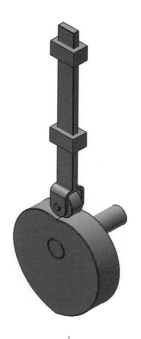

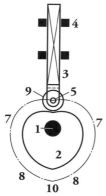

概要 前項（**15/06**）は，そのロッドの先端が，カムの縁に接しながらすべる間が長いので，摩擦消耗仕事が大きい。消耗仕事を軽減して，しかも前項と同一作用をするためには，カムの周囲の各点を中心として，ころ**9**の半径で無数の円弧を描き，これに接する図示のような曲線を描いて，カム**2**をつくることで解消することができる。

15/08

確動カム

positive cam

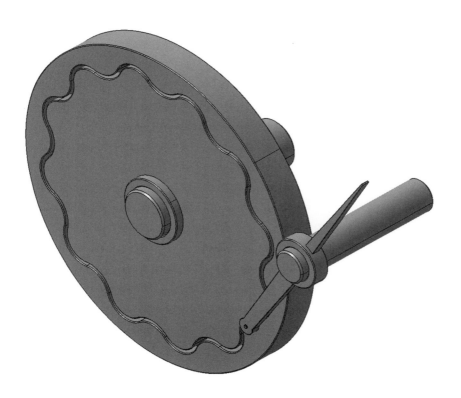

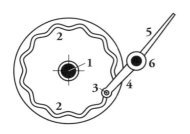

概要　円板カムの回転によって，てこ5を振動させる機構である。

作動原理　円板面に刻んだ波状溝2に，てこ4の端にあるピン3が入る。円板カムの回転によって，てこ5は激しく振動する。

15/09

溝付きハートカム

grooved heart cam

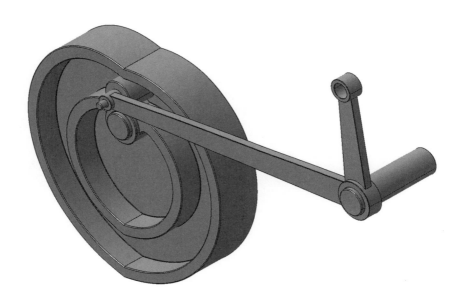

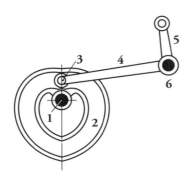

概要 ハート形の溝 2 の内部を，てこ 4 の先端のころ 3 がゆるみなく動く機構である。

作動原理 カム 2 の等速回転によって，てこは等速に振動する。確動カムであるから，てこ 4 は強い力に逆らって運動する。

15/10

逆カム

inverse cam

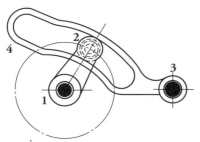

概要 一般に原動節であるはずのカムが，逆に従動節として動かされる場合に，逆カム（インバースカム）の名が付けられる。

作動原理 クランク1のピンを軸とするころ2は，軸3を中心として揺動するカム4の特殊な溝に入る。クランク1の回転はカム4に特殊な揺動を与える。

15/11

カムによるつめ送り機構

pawl feed mechanism using cam

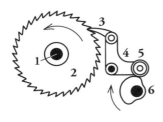

概要　カムでは，一般に摩擦消耗仕事が多いので，その減摩機構を必要とする。カムによるつめ送り機構の一例である。

作動原理　カム 6 の回転において，ころ 5 の接触が高部から低部に移るとき，つめ 3 は退き，低部より高部に移ろうとするとき，つめ 3 はつめ車 2 を送る。ただし，図では押さえつめを省いてある。

16章
ジェネバ機構および類似の機構
Geneva drive and similar mechanisms

ジェネバ機構は，1軸の連続回転を間欠的に他軸に伝えるものである。連続回転側（原動車）にはピンが付いており，断続運転側（従動車）のスロットに入り込んで回転させる。原動車の上部は，従動車が停止時間中に動かないよう，三日月状の形状となっている。

16/01

ジェネバ機構（その1）

Geneva drive_no. 1

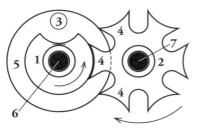

概要　この機構は，1軸の連続回転を間欠的に多軸に与えるものである。

作動原理　ピン 3 の突出する円板 5 に欠け円板 1（中心が 3 の円弧に欠く）を重ねて，同軸 6 に取付ける。1 の円周部がひれ形状部 4 に触れながら回る間は 2 は静止しているが，ピン 3 が 4，4 間の溝に入ると，2 はひれ形状部 1 枚だけ送られて，次のひれ形状部 4 が 1 の円周に触れる。すなわち，軸 6 の 1 回転において 2 は長時間静止し，短時間に歯 1 枚だけ送られる。もし，2 の歯間に 1 か所，溝のないところをつくると，ピン 3 とその部分とが衝突するまでは回るが，それ以上は回らない。

使用例　この機構は懐中時計のばね巻き止め機構に用いられた。

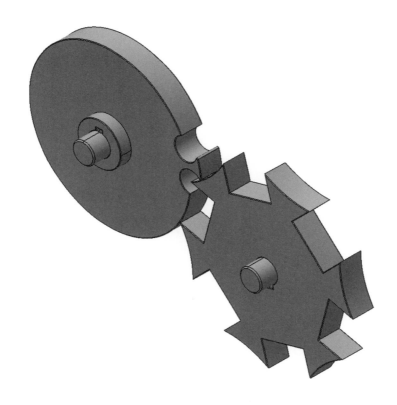

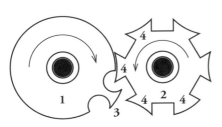

概要 この機構は，1軸の連続回転を間欠的に多軸に与えるものである。

作動原理 1が回転中に，その円弧部分が2のひれ形状部4に触れている間は2は静止しているが，カム3が4，4間の切欠き部に入ると，2は歯1枚だけ送られる。

ジェネバ機構（その3）

Geneva drive_no. 3

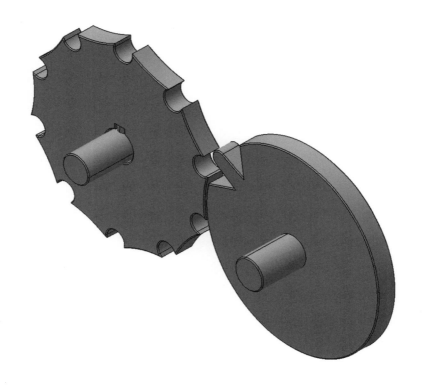

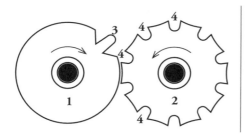

概要　この機構は，1軸の連続回転を間欠的に多軸に与えるものである。

作動原理　1が回転中に，カム3が4の切欠き部に入るときだけ，2が駆動されて，ひれ形状部の1枚だけが送られるが，それ以外は静止している。

ジェネバ機構（その4）

Geneva drive_no. 4

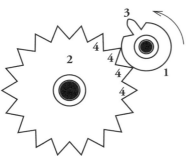

概要 この機構は，1軸の連続回転を間欠的に多軸に与えるものである。

作動原理 歯車2の山形の歯4，4が1の円周部を挟む間は，1が回っても2は静止しているが，カム3が歯4に触れる短い時間に，2は歯1枚だけ送られる。

ジェネバ機構（その5）

Geneva drive_no. 5

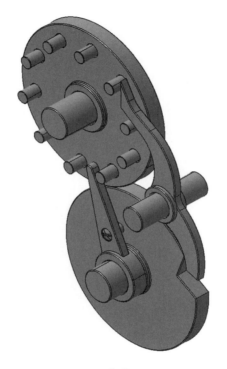

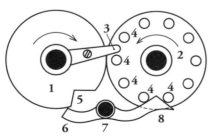

概要 この機構は，1軸の連続回転を間欠的に多軸に与えるものである。

作動原理 1の回転中に，その円周部がカム7の左端6に触れている間は，右端8はピン4～4の間にくい込んで，ピン車2の回転を防ぐ。カム3が4に触れてこれを動かそうとすると，同時に6は切欠き部5に落ちるので，ピン車2はピン1本だけ送られ，3，4が外れる際は，6は5から出て再び1の円周部に触れ，この間2は静止する。

16/06

ジェネバ機構（その6）

Geneva drive_no. 6

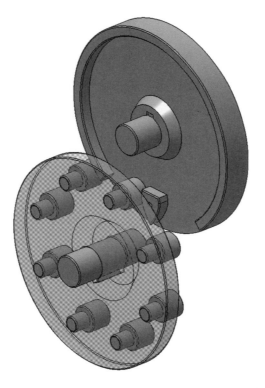

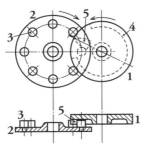

概要 この機構は，1軸の連続回転を間欠的に多軸に与えるものである。

作動原理 図は，特殊構造を示したものである。円板1の周は4のように縁付けられ，カム5の両側が切り欠かれている。円板2には8個のピン3が出ているが，その長さは円板1の下を通過できる程度である。1の1回転ごとに，2をピン1本ずつ送る。

16/07

ジェネバ機構（その7）

Geneva drive_no. 7

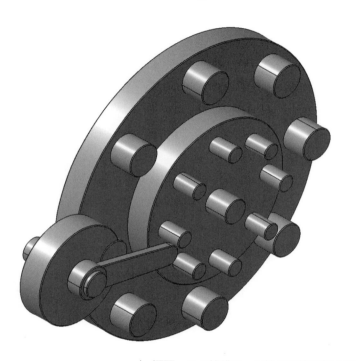

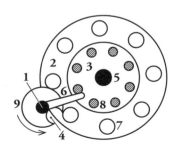

概要　この機構は，1軸の連続回転を間欠的に多軸に与えるものである。

作動原理　2，3はピン車で，軸5と一体である。5の平行軸1に取付けられた円板9の4は，円板の1か所が半径方向に切り取られて溝をなし，ピン7がこれに入ることができる。また，9と一体の腕6はピン8を押すようにしてある。9が矢の方向に1回転すると，ピン車2，3は1/8回転だけ送られる。ピン車2に右回りするモーメントが加わる場合は，6，8の機構は不要である。

16/08

ジェネバ機構（その8）

Geneva drive_no. 8

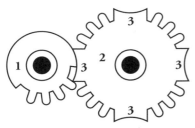

概要 この機構は，1軸の連続回転を間欠的に多軸に与えるものである。

作動原理 駆動車1の円弧と2のひれ形カム3の接触が外れると，3枚の歯が噛んで，1，2はともに回り，再び2が静止する。すなわち，1の連続回転に対して，2は間欠運動をする。

16/09

ジェネバ機構（その9）

Geneva drive_no. 9

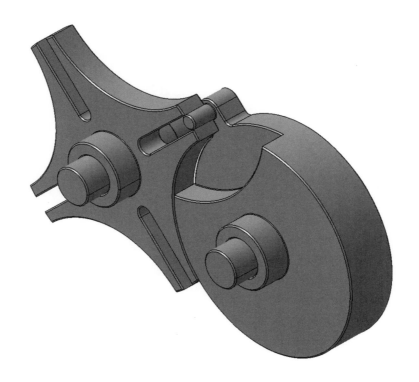

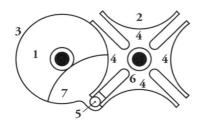

概要　この機構は，1軸の連続回転を間欠的に多軸に与えるものである。

作動原理　駆動車1の4回転に対して，従動車2が間欠的に4回休む1回転をする。この機構は従動車のひれ形4の数が少ない場合の例である。

16/10

アメリカンワイディングストップ

American winding stop

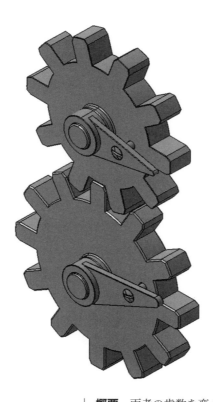

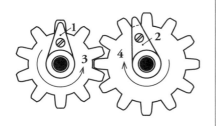

概要 両者の歯数を変えることによって，回転限度を種々に変えることができる機構である。

作動原理 歯車3は歯数10，歯車4は歯数12である。左側の歯車3を矢の方向に回すと，右側の歯車4は5回まわって，両者に付属するカム1，2が衝突して，以後は回転できなくなる。すなわち，歯車3の最大回転限度は6回転である。

16/11

逆転ジェネバ機構（その1）

inverse Geneva drive_no. 1

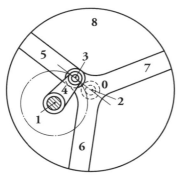

概要　1，2が同一方向に回るので，逆転ジェネバ機構と呼ばれる。

作動原理　円板8の中心2から，放射状にでる3本の溝5，6，7がある。クランク4のクランクピンの上を回るころ3が，この溝を，ガタが少なく通過することができる。軸1の連続3回転は，円板8に3回の休息をする1回転を与える。

16/12

逆転ジェネバ機構（その2）

inverse Geneva drive_no. 2

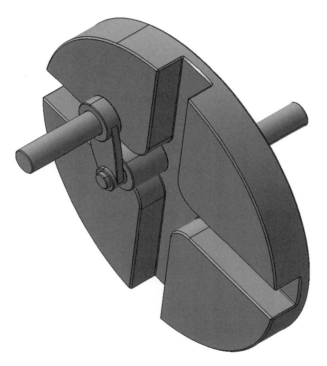

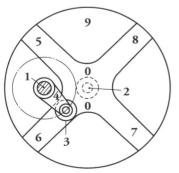

概要 1，2が同一方向に回るので，逆転ジェネバ機構と呼ばれる。

作動原理 円板9の面には4本の放射溝5，6，7，8がある。軸1の連続4回転は，円板9に4回休息する1回転を与える。

16/13

逆転ジェネバ機構（その3）

inverse Geneva drive_no. 3

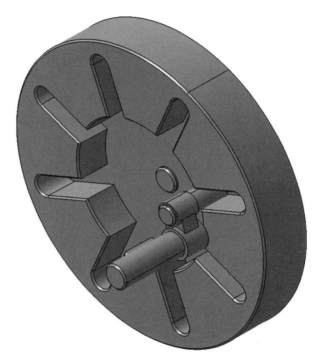

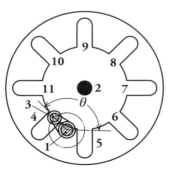

概要　1，2が同一方向に回るので，逆転ジェネバ機構と呼ばれる。

作動原理　4〜11は，車2の輪周の放射状溝である。固定軸1のクランクピン3は4に入り，左回りして車2を左向きに回し，4を5の位置に移す。3が抜け出て約180°だけ回転する間は，車2は静止する。こうして，1の連続8回転は，2に8回休息する1回転を与える。

17章
ねじの活用
applications of screw

ねじは，機械に使われているさまざまな機械要素部品の中で，もっとも使用頻度が高い部品である。ここでは，ねじを応用して，特殊な機械的作用を行う機械，器具，機構を対象とした。

17/01

ねじ連結器

screw coupling

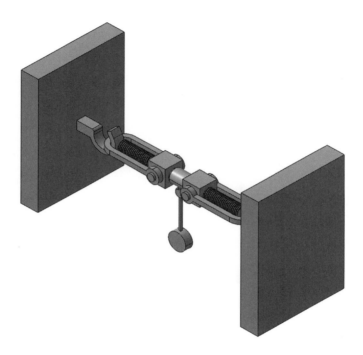

概要　ねじを応用して，特殊な機械的作用を行う機構である。

作動原理　**1** は左ねじ，**2** は右ねじであって，**8** を回すとその回す向きによって，**3**，**4** は同時に近寄ったり，あるいは遠ざかったりする。

使用例　現在の自動連結器を採用する以前に，鉄道の貨車・客車などを連結するのに用いられた。

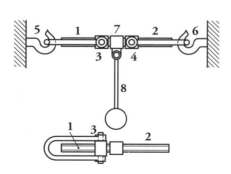

17/02

ターンバックル

turnbuckle

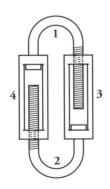

概要 3, 4を回して1, 2を取り外したり，だ円形の輪1, 2を長くしたり，短くしたりすることができる。鎖または網などの接続に用いる。また，4の上端に左ねじを切って，各ボルトの端を輪形とした左ねじのものを上，右ねじのものを下から入れたものである。

17/03

かじ取り機構

steering mechanism

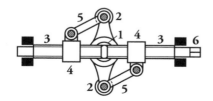

概要 左ねじ **3** と右ねじ **3** に、それぞれナット **4**, **4** がはまっている。**6** を回すと、リンク **5**, **5** がてこ（**2**, **2**）を同時に同じ向きに回すことになり、軸 **1** を右か左に回すことができる。

18章
ばねの活用
applications of spring

ばねは,力が加わると変形して,力を取り除くと元に戻る物体の弾性という性質を利用する機械要素である。その特性と機能を活かして,ばねは幅広い分野にわたって使われている。身近な器具から大型機械・構造物まで,むかしながらの機器から現代的な機器まで,ばねの利用は広範囲に及んでいる。

18/01

コイルばねたわみ継手

flexible coiled spring coupling

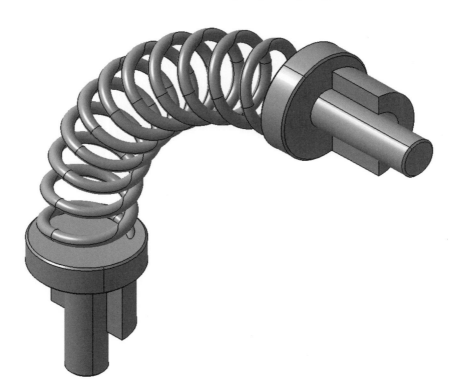

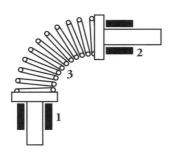

概要 ばねには，コイルばねのように，鋼線をらせん状に巻いて，その軸方向に押す力，引張る力，ねじる力を加えるものなど各種がある。これは，コイルばねを応用した機構である。

作動原理 両軸 1, 2 を連結して回転を伝える場合に，コイルばね 3 を用いる。両軸交角は，0°～90°まで種々に変えることができる。

18/02

二か所で止まるばねてこ

spring lever to lock in two positions

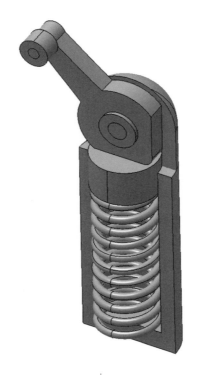

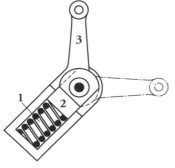

概要 筒内の圧縮ばね 1 は，丸棒 2 を押す。3 は図に示す位置か，または一点鎖線の位置に移って安定する。すなわち，3 の位置から一点鎖線の位置に移すことができる。

18/03

調速機（ガバナ）

speed governor

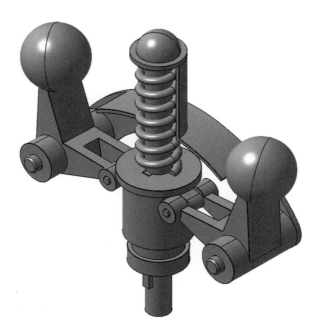

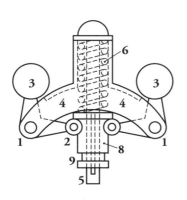

概要　圧縮コイルばねを応用した機構である。

作動原理　縦軸 5 の頭部とスライダ 8 の間には，強い圧縮コイルばね 6 がある。8 はキーとキー溝の仕掛けで縦軸 5 と同時に回転するが，上下に動くのは自由である。4 は上部において縦軸 5 の頭部と連結する。縦軸 5 を回転させると，回転速度の遅い間は，左右球 3, 3 は閉じていて，回転速度がある限度を超えれば，圧縮コイルばね 6 の抵抗力および 6, 8 などの重力と 3, 3 の遠心力により発生する 2 の垂直応力がバランスする位置まで 8 は上昇する。また，回転速度が遅くなれば，8 は旧位置に戻る。

19章
摩擦を利用した機構
mechanisms that uses friction

摩擦は, 材料の特性や形だけでなく, 環境や潤滑剤, 機械や部品にかかる荷重など, さまざまな因子が複雑にからみ合って起こる現象で, ごくわずかな条件の変化で結果が大きく変わることになる。ここでは, 摩擦を利用した機構と摩擦を軽減する機構について検討している。

ロバートソンくさび溝摩擦かさ車

Robertson's grooved friction gear

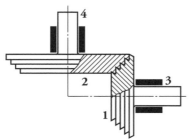

概要 機械の運動部分において，摩擦を少なくし，これに起因する消耗を軽減しなくてはならない。一方，摩擦を有効に利用する機構も多くある。2個の円すい車 **1, 2** はその面に多数の断面形状が三角形の溝とくさびを設け，たがいにかみ合わせる。このようにすることで，両者は比較的強い動力を伝動することができる。

19/02

変速機構

transmission

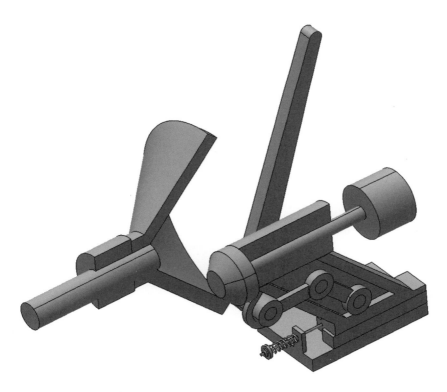

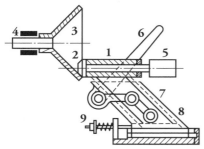

概要 摩擦を利用した変速機構である。

作動原理 円すい車 3 に，円すい車 2 が接触するための押す力は，圧縮コイルばね 9 によって与える。5 は滑車で，原動節である。ハンドル 6 によって 2 を左右に動かし，これによって 3 の軸 4 の回転速度を種々に変えることができる。

19/03

2軸の回転比が変化する摩擦車

friction wheel that changes the rotation ratio of two shafts

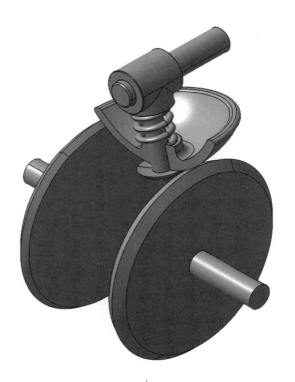

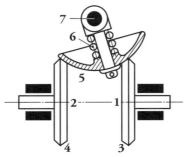

概要 摩擦車 **1**, **2** は同一直線を軸とし、車 **3**, **4** の外周はゴムまたはこれに類する材料でおおわれ、圧縮コイルばね **6** によって、軸 **7** を中心とする球面車 **5** が押し付けられる。軸 **7** を傾けて、**1**, **2** の回転速比を変化させる。

19/04

ブレーキ（その1）

brake_no. 1

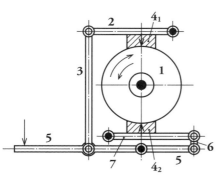

概要 ブレーキ制動には，摩擦を利用した機構が不可欠である。

作動原理 てこ5の左端を下へ押せば，リンク3が下がり，リンク6が上がる。これにより，制動片4_1，4_2が車1を押し，ブレーキが掛かる。また，てこ5の左端を上げれば，ブレーキはゆるむ。

19/05

ブレーキ（その2）

brake_no. 2

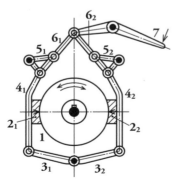

作動原理 ベルクランク7の右端を押せば，制動片 2_1, 2_2 は回転車1を押し，これを遅くするか，または静止させる。ベルクランク7の右端を上げれば，2_1, 2_2 は車1から離れて，ブレーキは外れる。なお，左右の黒丸固定支点を頂点とする小三角リンクの二つの最短リンクは，ベルクランク7の押し下げのときは，リンク4を固定頂点との間の張り棒として，制動片2の回転車への押し付けを助ける。ベルクランク7の引き上げのときは，張り棒の役目を解消する。

20章
軸継手
shaft couplings

軸継手は, 機械の軸と軸を連結し, 2軸の取り付け誤差などを吸収して動力を駆動軸から従動軸へ正確に伝える機械要素部品で, 運転中に任意に伝達をかけ外しできる機構, 2軸の軸線が必ずしも一直線でない場合にも使われるたわみ継手など, その種類はきわめて多い。

20/01

のこ歯継手

sawtooth coupling

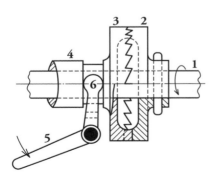

作動原理 フェースラチェット **2**, **3** は, その縁面にのこ歯を持ち, フェースラチェット **2** は軸 **1** に固定している。てこ **5** を矢印の方向に下げれば, フェースラチェット **3** は左に移って軸上で遊ぶ。両歯がかみ合うと, 軸 **1** の矢印の方向の回転は **3**, **4** を同じ方向に回転させる。フェースラチェット **2**, **3** のかみ合いを外すと, 軸 **1** の回転は **3**, **4** に伝わらない。軸 **1** が矢印と反対に回転すると, フェースラチェット **2**, **3** のかみ合いは外れる。

20/02

細窓クランク継手

slotted crank coupling

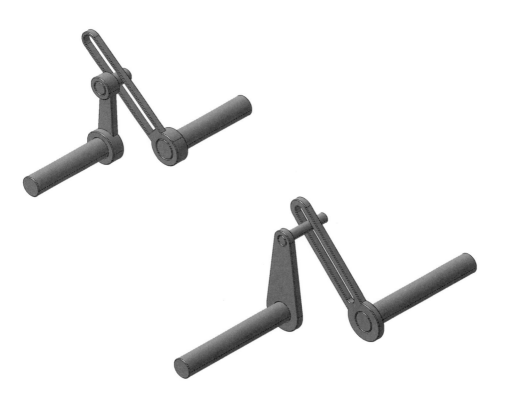

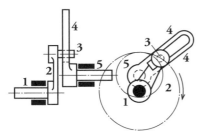

概要 クランク 2 が回転すると，クランクピン 3 はクランク 4 を回転させる。したがって，少し離れた平行軸 1, 5 は伝動を行うが，速度比は種々に変化する。イギリスのウィリース博士は，ピンとスリットと名付けた。

20/03

フック継手

Hook's coupling

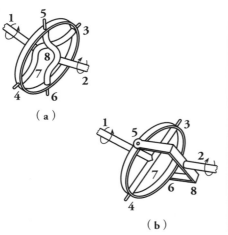

(a)

(b)

概要 図(a)において，小軸の軸線3, 4は軸1に直角に，また，軸線5, 6も軸2に直角に交わり，かつ3, 4と5, 6は直交している。図(b)において，ピン軸3, 4の軸線は軸1と直角であり，ピン軸5, 6の軸線は軸2と直角であって，いずれも輪とピンは回り対偶をする。両軸線3, 4と5, 6は直角に相交わる。

20/04

ヒチコック継手

Hitchcock's coupling

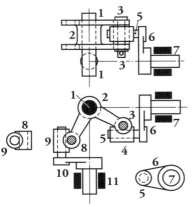

概要 ヒチコックの発明による軸継手の機構である。

作動原理 ピン 3, 5 の両軸線は直交している。4 と 5 は回転し，かつ摺動する。8, 9 もまた同様である。両軸 7 と 11 は直交し，両端に直交する固定軸 1 の軸線上で交わる。また両腕 6 と 10 も直交している。軸 7 の等速 1 回転は，軸 11 を等速に 1 回転させる。

20/05

クレメン軸継手

Clement's shaft coupling

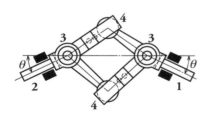

概要 クレメンの発明による軸継手の機構である。

作動原理 リンク $(3, 4)$，$(3, 4)$は，3において軸1あるいは2端と回り対偶する。4は球面対偶である。リンク3，4はすべて等しい長さである。軸1および2は，その位置で回転する。二つの球の中心は，軸1と軸2の軸線とそれぞれ同一平面上にあることができる。直線3，3と軸1，2の軸線のなす角度が等しいか，あるいは両軸線が平行なら，両軸の速度比は1である。すなわち，軸1の等速1回転は，軸2を等速に回転させる。

21章
ポンプ・送風機
rotary pumps · blowers

ポンプ・送風機は, 液体や空気を送り込み, 力を増幅させたり, さまざまな機構の動力源とする機械である。ポンプは, 液体を必要な高さまで上げたり, 圧力を高めたりするのに使う。一方, 送風機は, 空気を送ったり, 圧力を高めたりする。空気を圧縮する程度によってファン, ブロワ, コンプレッサと呼び名が変わり, ファンとブロワは送風機と呼ばれる。コンプレッサは空気圧を利用して動かす機械やガスを圧縮して液化したりする目的に使用される。

21/01

パッペンハイムポンプ

Pappenheim's pump

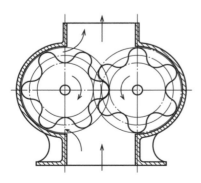

概要　回転ポンプおよび送風機は，入口および出口をもったケーシング内に，ピストンあるいは羽根車を回転して送水・送風を行う。パッペンハイムが考案したポンプの機構である。

作動原理　ケーシング内で向き合って回転する回転子が，ピストンの役目をする。下は吸い込み口，上は吐き出し口であって，両回転子の右は左回り，左は右回りに向き合って回転する。回転子の軸に同じ大きさの平歯車が取付けられているから，両回転子はたがいに向き合って等速に回転する。

使用例　給油ポンプ・小型ポンプなどに応用された。

21/02

ルーツ送風機

Root's blower

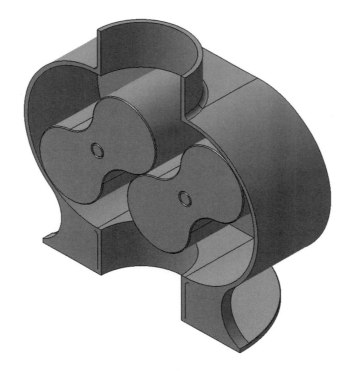

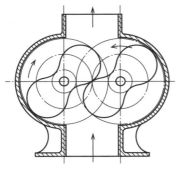

概要 イギリスのルーツが考案した送風機の機構である。

作動原理 2個の相等しいひょうたん形の回転子が，右は左回り，左は右回りに，たがいに向き合って同一速度で回転する。空気は下の口から入って上の口から吐き出される。

21/03

ペイトン水量計

Payton's water meter

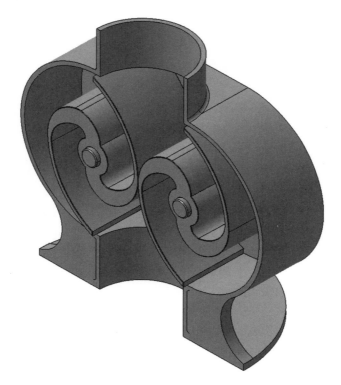

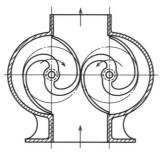

概要　ペイトンが考案した水量計の機構である。

作動原理　両回転子はたがいに向き合って，等速度で回転する。1回転の水量は，回転子の描く円柱の体積とほとんど同一である。回転子は羽根の曲線は等角らせんであって，その周の接線と動径とのなす角は15°である。

21/04

エブラルド通風機

Ebrard's ventilator

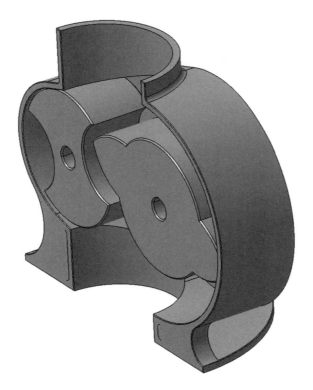

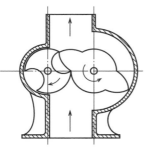

概要 エブラルドが考案した通風機の機構
である。

作動原理 両回転子はたがいに向き合っ
て，矢印の方向に同一速度で回転する。

使用例 ポンプにも応用される。

21/05

レプソールドポンプ

Repsold's pump

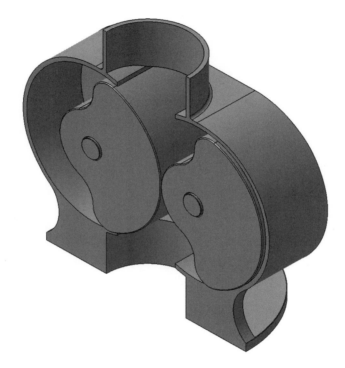

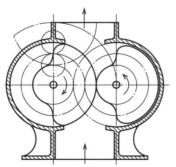

概要 レプソールドが考案したポンプの機構である。

作動原理 両回転子は同一形状でたがいに向き合って，右は左回りに，左は右回りに同一速度で回転する。

使用例 水車またガス送出用ポンプとして用いられたこともある。

21/06

ケーリ回転ポンプ（その1）

Cary's rotary pump_no. 1

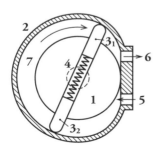

概要　ケーリが考案した回転ポンプの機構である。

作動原理　回転子 1 をドラム 2 と同軸線にし，さらに出入り両口の間で接触させる。1 の矢印の向きの回転によって，水または空気は 5 から吸い込まれ，6 から吐き出させる。

ケーリ回転ポンプ（その 2）

Cary's rotary pump_no. 2

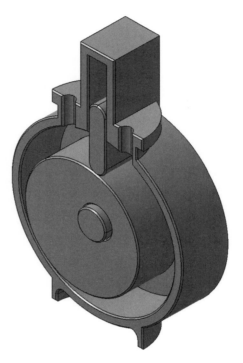

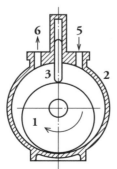

概要　ケーリが考案した回転ポンプの機構である。

作動原理　偏心軸の回転子 1 は，円筒 2 の内壁に接しながら回転する。羽根 3 は，自己の重力または圧縮ばねによってピストン面に接触する。蒸気は，5 から入ってピストンを押してこれを回転させ，排気は 6 から逃げる。

使用例　ピストンを回転させれば，ポンプとして利用することができる。

21/08

ケーリ回転ポンプ（その3）

Cary's rotary pump_no. 3

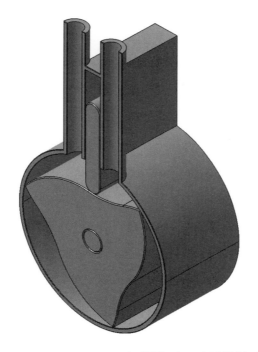

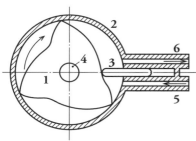

概要 ケーリが考案した回転ポンプの機構である。

作動原理 前項 **21/07** のケーリ回転ポンプ（その2）の円柱ピストンの代わりに，カムの形をした回転子 **1** を用いたものである。この機構は，蒸気もしくは高圧空気を **5** から入れて，回転子を回転させる。排気は **6** から逃げる。

使用例 回転子を回転させて，ポンプとして使用することもできる。

21/09

ケーリ回転ポンプ（その 4）

Cary's rotary pump_no. 4

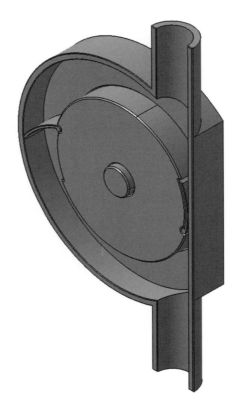

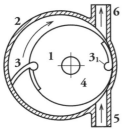

概要　ケーリが考案した回転ポンプの機構である。

作動原理　回転子 **1** は円筒 **2** に偏心に取付けられ，しかも両者はたがいに接している。羽根 **3** が右側に移れば閉じ，左側に移れば開く（ばねまたは遠心力を利用して）。蒸気または圧縮空気は，**5** から入って **6** に逃げ，回転子 **1** を回転させる。

> **使用例**　ポンプにも利用することができる。

ケーリ回転ポンプ（その5）

Cary's rotary pump_no. 5

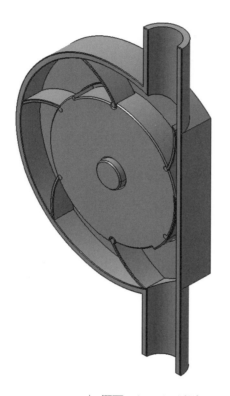

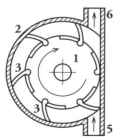

概要　ケーリが考案した回転ポンプの機構である。

作動原理　回転子 **1** は，円筒 **2** と同軸である。蒸気または圧縮空気は，**5** から入って羽根を押し動かして **6** から逃げる。このようにして回転子 **1** は回転する。

使用例　ポンプにも利用することができる。

21/11

ケーリ回転ポンプ（その6）

Cary's rotary pump_no. 6

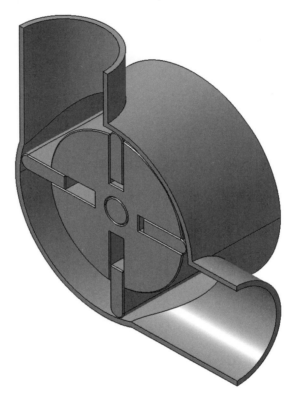

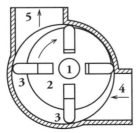

概要 ケーリが考案した回転ポンプの機構である。

作動原理 回転子とケーシングの接点のほかに羽根も接して，蒸気が入口から直接に出口に漏れる量を少なくする。羽根は圧縮ばねによって押し出されるか，あるいは遠心力によって出る。

使用例 ポンプにも応用される。

21/12

振り板付き回転ポンプ

rotary pump with swinging shutter

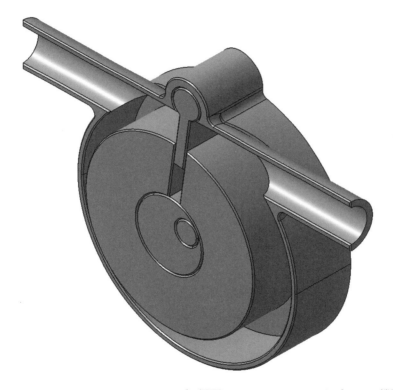

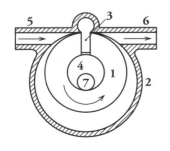

概要 バートラム アンド ポーエル機関とも
いう。

作動原理 軸 **7** はケーシングと同軸線であ
る。偏心軸 **4** は **7** に固定する。円筒形の回転
子 **1** は振り板（シャッタ）**3** をはさんで，こ
れと摺動し，かつ **1**，**4** は回り対偶を形成す
る。軸 **7** を矢印の向きに回転すれば，水は **5**
から吸い込まれて **6** から吐き出される。

21/13

ハサファン回転ポンプ

Hasafan's eccentric rotary piston pump

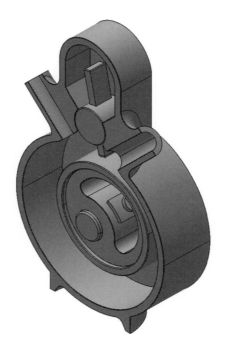

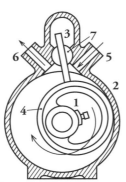

概要　ハサファンによる回転ポンプの機構である。

作動原理　偏心の回転子 **1** のストラップ **4** から出た板 **3** は，半円柱状の弁 **7** にはさまれながら摺動し，かつ揺動する。**1** を矢印の向きに回転するときには，水は **5** から吸い込まれて，**6** から吐き出される。

21/14

ころ付きドラムポンプ

drum pump with rolling pistons

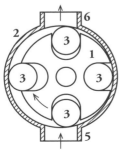

概要 ころ付きドラムポンプの機構である。

作動原理 円筒（ドラム）2 と偏心する回転子 1 には，4 個のころ 3 がわずかなゆるみをもってはさまっている。回転子を矢印の方向に回転させると，遠心力によってころは円筒内壁にふれる。水は 5 から吸い込まれて，6 から吐き出される。

21/15

バーレンベルグ回転蒸気機関

Berrenberg's rotary steam engine

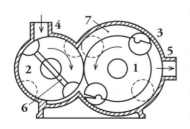

概要　バーレンベルグによる回転蒸気機関の機構である。

作動原理　回転子 1 と弁 2 は，その軸端の相等しい歯車の組によって向き合って回転する。蒸気が 4 から入り，通路 6 を経て下位の回転子 3 を押すことによって，1 は回転する。2 が進めば蒸気はしゃ断され，下位の 3 が吐出し口 5 に達するまで蒸気は膨張したのち，吐出し管 5 から吐き出される。3 は丁番された 2 片で構成され，下位ではケーシング内面にふれ，上位ではケーシング内面から離れて，7 の内部の圧縮を行わないようにしてある。

22章

複合機構
compound mechanisms

工作機械は多数の部品を組み合わせてつくられている。いくつかの部品が集まってひとつの機構となったものはユニットと呼ばれ, 各ユニットはそれぞれの役割をもっている。複合機構は, 複数の機構を組み合わせて, 従動節に特殊な運動をさせる。そして, 特別な場合には, 簡易な機構で力比または速比を大きくすることができる。

22/01

クランク半径の4倍を進むラック

rack traveling 4 times the crank radius

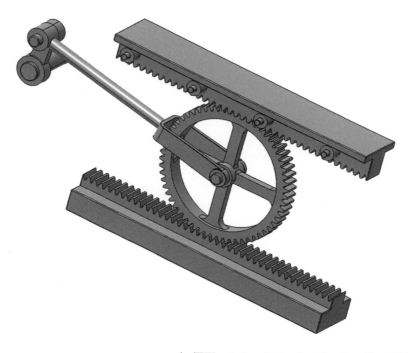

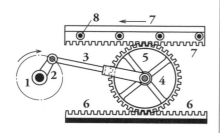

概要 小さいクランクでラックに長い行程の往復運動を与える機構である。

作動原理 歯車5はラック6, 7にかみ合う。下部の水平ラック6は固定し、上部の水平ラック7は、左右に往復運動をする。2が矢の方向に鉛直から水平になるまで回転すると、軸4はクランクの半径分水平に移動し、同時に歯車5のピッチ円周はクランクの半径分回転する。すなわち7の往復運動の幅はクランクの半径の4倍である。

22/02

ホワイト滑車機構

White's pulley mechanism

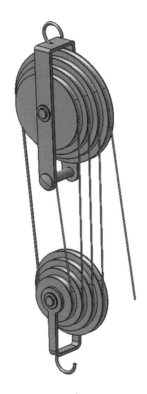

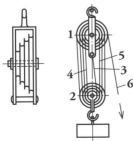

概要 ホワイトの発明による滑車機構の機構である。

作動原理 ロープ6の端に加えた力は, その約8倍の荷物を揚げることができる。2は軸を共有する4枚の動滑車, 1は軸を共有する4枚の定滑車である。

22/03

だ円製図器

ellipsograph

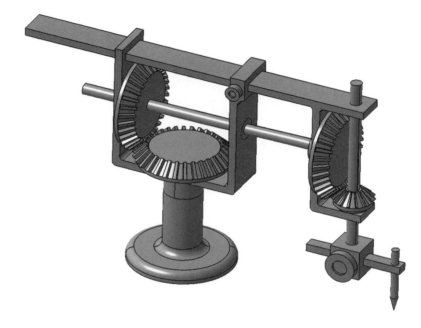

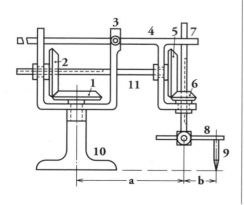

概要　だ円を描く製図器に応用された複合機構である。

作動原理　**1, 2** および **5** は，それぞれたがいに等しいかさ歯車であり，**6** はその半分の歯数のかさ歯車である。**2, 5** 両車は水平軸 **11** とともに回転し，**1** は静止している。立て軸 **7** は **6** とともに回転する。枠 **3, 4** を **10** の周囲に 1 回転させると，**9** の先端は長半径 **a＋b**，短半径 **a－b** のだ円を描く。ただし，**a, b** は任意に変化させることができる。

22/04

遊星歯車

planetary gear

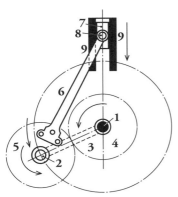

概要 ジェームス ワットが初めて蒸気機関のクランクに使用した遊星歯車の機構である。

作動原理 平歯車 **4** は軸 **1** に固定され，クランクアーム **3** は軸 **1** 上で遊動する。連結棒 **6** 端に取付けられた **4** と同じ大きさの平歯車 **5** は，クランクピン **2** の軸上で回転する。クロスヘッド **7** の **1** 往復運動によって，**3** は **1** 回転するが，軸 **1** は歯車 **4** とともに同じ方向に **2** 回転する。

22/05

不回転三歯車列

non-rotating three gear train

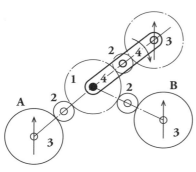

概要　歯車 3 の面に上向きの矢印を描くと歯車 3 のいずれの位置においても，矢印の方向は一定不変である。

作動原理　たがいに等しい平歯車 1，3 はそれぞれ中間平歯車 2 とかみ合う。これらの歯車の軸は，腕 4 に固定されている。歯車 1 を固定して腕 4 を回転させると，歯車 3 は歯車 1 の軸の周囲を運動するが, 歯車 1 と逆に回転する結果, 歯車は回転しないで移動だけする。

22/06

差動歯車（その1）

differential gear_no. 1

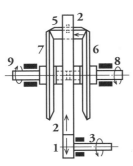

概要 かさ歯車 **5** は平歯車 **2** 内にあって，その軸と直交するピン上で回転する差動機構である。

作動原理 平歯車 **2** を静止させておけば，軸 **8** の回転は，軸 **9** を反対の方向へ，**8** と同じ速度で回転させる。しかし，平歯車 **2** を回転させると，軸 **8** が同一方向に一定の速度で回転する場合に，軸 **9** を左右どちらにも緩急自在に回転させ，また静止させることができる。

22/07

差動歯車（その2）

differential gear_no. 2

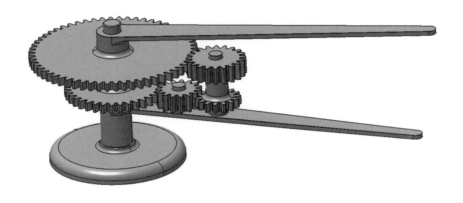

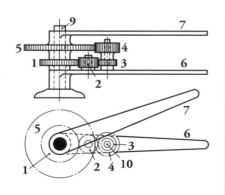

概要　平歯車1は，固定軸9に取付けてある。てこ7，6は，軸9を軸として回転する。平歯車5と7は一体である。

作動原理　6から突起するピン上で，一体となった平歯車3，4が回転する。4，5がかみ合い3，2，1と順次にかみ合う。てこ6を左右どちらかに1回転させるとき，歯車3は1，3両車の歯数の差だけ回る。したがって，同時に4も回るので，これとかみ合う5も回って，てこ7は一定の歯数だけ回る。たとえば，6を右回しして，1回ごとに7を左回りに歯数1枚ずつ送ることができる。

22/08

差動歯車 (その3)

differential gear_no. 3

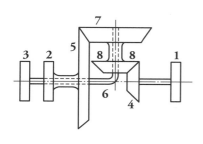

概要 3は軸6の左端の平歯車である。かさ歯車5と平歯車2は一体となっており，6の水平軸上で，その位置において回転する。かさ歯車7，8は一体となっており，6の水平軸上に対して直角に曲がったアーム上で回転する。

作動原理 平歯車1とかさ歯車4は，水平軸に取り付けられている。両車1，2がともに駆動車で，両者の回転の速度・方向を変えることによって歯車3を静止させたり，また，左右どちらにも任意の速度で回転させることができる。

差動歯車（その4）

differential gear_no. 4

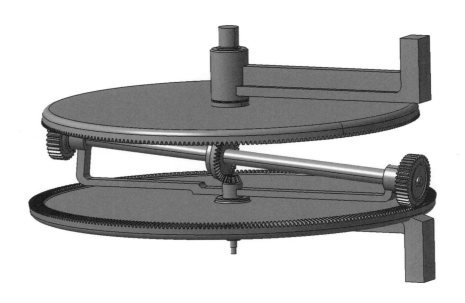

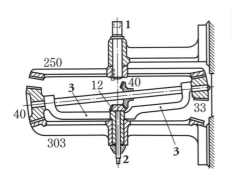

概要 図において，250，33，40，12，40，303 は，それぞれこの数に相当する歯数をもつ，かさ歯車である。軸 **2** が 262500 回転するごとに軸 **1** は 1 回転し，アームは 78750 回転する。

差動歯車（その5）

differential gear_no. 5

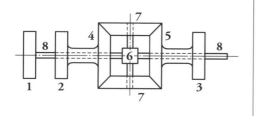

概要　1は水平軸8の左端の平歯車であり，4，5はたがいに等しいかさ歯車である。平歯車2，3は，それぞれ4，5と一体となっており，いずれも軸8上でその位置で回転する。かさ歯車7，7は，6から軸8に垂直に出たアーム上で回転するたがいに等しいかさ歯車である。

作動原理　平歯車2，3が反対の方向に回転すると，1は2，3の回転の差の1/2だけ回転し，その方向は回転数が多いほうと同方向である。もし，2，3両歯車が同一方向に回転すると，平歯車1は両車と同一の方向に，両車2，3の回転数の和の1/2だけ回転する。

22/11

差動歯車（その6）

differential gear_no. 6

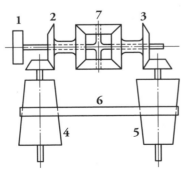

概要　前項 **22/10** の差動歯車（その**5**）の機構と円すいベルト車 **4, 5** を併用した機構である。前項の **2, 3** は，この機構ではかさ歯車を使い，それぞれ **4, 5** の軸端のかさ歯車とかみ合う。軸 **4** は駆動軸である。

作動原理　ベルト **6** を軸方向に動かすことによって車 **1** を静止させ，また左右どちらの方向へでも，ある限度内で任意の速度で回転させることができる。

22/12

キャプスタン歯車機構

capstan gear mechanism

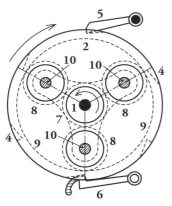

概要 平歯車 7 は，軸 1 に固定されている。3 個の平歯車 8，8，8 は，軸 1 上で遊動する腕 10 から出たピン上で回転する。2 は内歯車 9 をもち，外周はつめ 5，6 などと組みをなし，軸 1 上で遊動する。2，8 はかみ合う。

作動原理 2 を静止させて 10 を回転させると，軸 1 は急速に回転する。これに反して 10 とともに同方向にほぼ同じ速さで 2 を回転させると，軸 1 は遅く回転するので，軸 1 の回転モーメントを非常に大きくすることができる。

22/13

クランク半径の4倍を行程とするピストン

piston that stroke is 4 times the crank radius

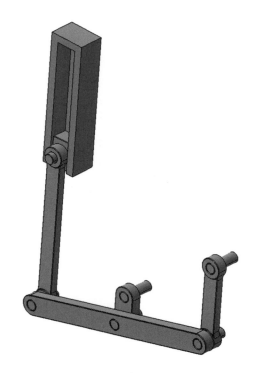

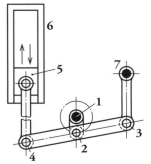

作動原理　クランクピン2は，てこ3, 4の中央にある。クランク1, 2の1回転はピストン5に1往復運動を与える。クランクピン2が上端にあるときと下端にあるときは，図面の対称性からてこ3の位置は同じなので，平行線の性質からピストンの行程はクランク半径1, 2の4倍となる。

23章
バランスと逃がし止め機構
balances and anti-release mechanisms

はかりは, 質量を物体に作用する重力を利用して計測する計量器である。逃がし止め機構, これは歯車の歯が1枚ずつ間欠的に送られることで, ゼンマイに蓄えられたエネルギーが一気に解放されないようにするための機構である。錠（じょう）のしくみは, 扉を対象としたとき, 一度閉めたら開かない, これを開くための道具がかぎである。

23/01

はかり（その1）

balance_no. 1

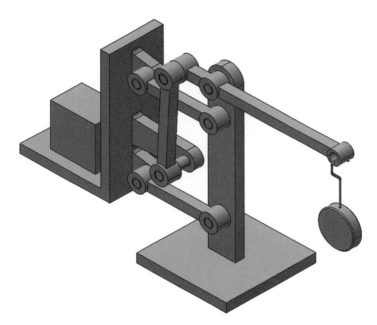

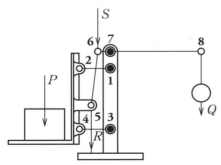

概要 機構としては，平行クランクとてこの組合せである。

作動原理 **1**，**2**，**4**，**3** は平行リンクであって，（**2**，**4**）と（**1**，**3**）は平行である。支点 **5** から直線（**2**，**4**）に至る距離は（**6**，**7**）と等しい。リンク（**5**，**6**）はリンク（**1**，**2**）と（**6**，**8**）が同時に水平になるように連結する。平衡状態においては，力 P と Q の比は一定である。すなわち $P : Q =$（**7**，**8**）：（**6**，**7**）となり，分銅 Q の重量が一定なら，普通の天びんにおけるように，P は長さ（**7**，**8**）に正比例する。

はかり（その2）

balance_no. 2

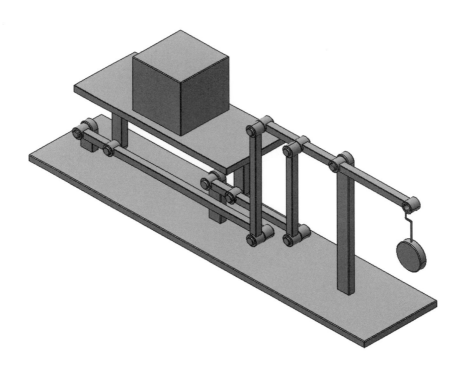

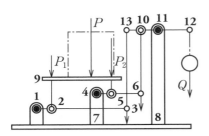

概要 平衡状態においては，P と Q との比は一定の機構である。

作動原理 （4, 6）は（4, 5）の3倍，（11, 13）は（11, 10）の2倍，（1, 3）は（1, 2）の6倍である。はかり台9，てこ（1, 3）と（4, 6）と（13, 12）は，同時に水平である。

23/03

はかり（その3）

balance_no. 3

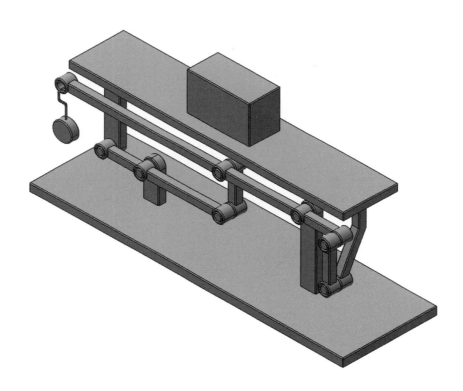

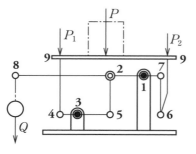

概要 平衡状態においては，P と Q との比は一定の機構である。

作動原理 （1，2）は（1，7）の2倍，（3，5）は（3，4）の2倍である。はかり台（9，9），てこ（8，7），（4，5）は同時に水平であって，リンク（2，5）と（7，6）はたがいに等しい垂直リンクである。

23/04

逃がし止め機構

pin-wheel escapement

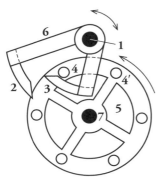

概要 アンマンが発明した逃がし止め機構である。

作動原理 アンクル2, 3の左右1振動ごとに，エスケープ車5のピン4を1個ずつ送る。逆戻りはしない。

23/05

錠のしくみ

locking mechanism

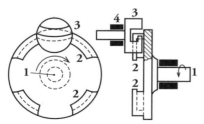

概要 一度閉めたら扉が開かないようにするしくみが錠（じょう）である。これを開くための道具が鍵（かぎ）である。

作動原理 図の位置では，軸1は回転することができない。鍵3の半回転した位置では，軸1は左右どちらにも回転することができる。

付録 3Dでみるメカニズムの実際

付1

図例4図

提供：株式会社アルトナー

　ある機能を果たす機構を考えるとき，機構の創案は，求めている機構の動きに対して，その運動を実現可能な機構や，その組み合わせを知識の中から探していく作業であり，直感的に解が求まることが多い。これは，機構の解は1つとは限らず，機構そのものを数式化して処理することもむずかしからである。直感的に解が出るためには，多くの事例の知識が必要である。似たような動きをする機構を連想，考究することで，新たな機構案が出てくるのである。

　ここで，機械設計の内容，方法について分類すると，車のボディやフレームなど動きのないものを設計するのが構造設計（製品の外装を設計するのが筐体設計）であり，駆動部やロボットのアームなど動きのあるものを設計するのが機構設計といえる。

　自動車のボディ設計（構造設計）では，製品の強度や流体の流れを考慮して設計する。

図1　筆を持って文字を自動的に書く装置「筆アール」

また駆動部の設計（機構設計）では，モータのギア比や軸にかかる荷重計算が必要になる。

　機械設計に必要なスキルは，構造設計では，材料力学・熱力学・流体力学・機械力学に加えて，製品のデザインや操作性（持ちやすさや使いやすさ）を考慮する必要がある。

　動きのあるものを設計する機構設計では，力学の知識に加えて，電気設計やプログラムの知識が必要になる。したがって，単純に各部品の構造を理解するだけでは不十分で，どういう状況でどういう動作をするかをきちんと理解しておく必要がある。

　図1は，筆を持って文字を自動的に書く装置，名称「筆アール」である（最大幅：340 mm，最大奥行：377 mm，最大高さ：208 mm）。

　図1の機械をみて，構成している「しくみ」が理解できるだろうか。いいかえれば，構成されている機構の数を明確に指摘できるだろうか。この質問に明確に回答するために本書が存在する。

　それでは「筆アール」の機能・機構を確認しながら，図2に示す「筆アール」のポンチ絵も参考にして，機械要素部品をあげてみたい。

締結要素部品：ボルト・ナット。

伝達要素部品：歯車，歯付きベルト，ボールねじ。案内部品，軸を支える軸受。

電動機：モータ，ソレノイド。緩衝装置。

　その他，制御システムなどが確認できる。機構を読み取って考えてほしい。

平野重雄

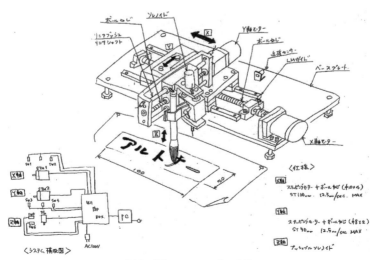

図2　「筆アール」のポンチ絵

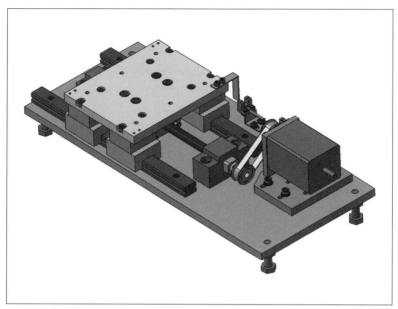

付録図 1・1 「筆アール」X 方向

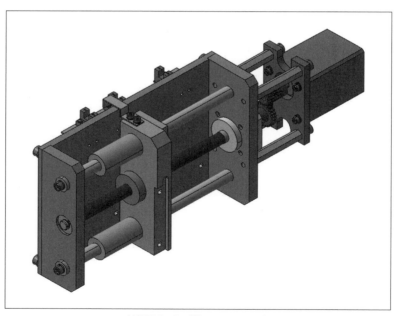

付録図 1・2 「筆アール」Y 方向

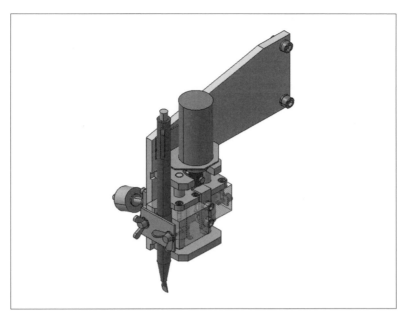

付録図 1・3 「筆アール」Z方向

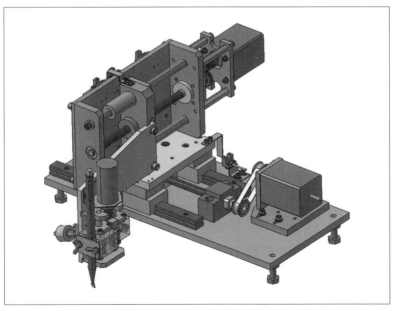

付録図 1・4 「筆アール」XYZ方向

付 2

図例 5 図

提供：ソリッドワークス・ジャパン株式会社

付録図 2・1 シーケンシャルトランスミッション

付録図 2・2 クロスミッション（変速機）

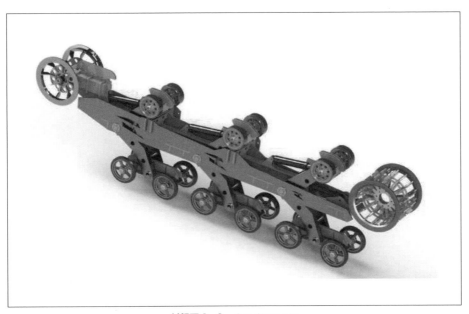

付録図 2・3 サスペンション

付録図 2・4 車両用ジャッキ

付録図 2・5 アクチュエーター（熱流体解析）

◉ 参考文献

大西清 著：JIS にもとづく機械設計製図便覧（第 13 版），オーム社（2021）

安田仁彦 著：機械系大学講義シリーズ 12　改訂 機構学，コロナ社（2005）

森田鈞 著：エンジニアリングライブラリ基礎機械工学 2　機構学，サイエンス社（1984）

太田博 著：工学基礎 機構学 増補版，共立出版（1984）

桜井恵三 著：基礎機構学，槇書店（1983）

山川出雲 著：機械工学基礎講座 1　機構学，朝倉書店（1972）

● **編著者**

関口 相三（せきぐち そうぞう） 株式会社アルトナー代表取締役社長
平野 重雄（ひらの しげお） 東京都市大学名誉教授

◎ **協力**：メカニズム研究会

筑波技術大学名誉教授	荒木 勉	
東京都市大学名誉教授	大谷 眞一	
明星大学教授	高 三徳	
大阪産業大学名誉教授	坂本 勇	
九州大学教授	竹之内 和樹	
大阪電気通信大学名誉教授	西原 一嘉	
東京都市大学名誉教授	平野 重雄（本研究会座長）	
株式会社アルトナー	奥坂 一也	
株式会社アルトナー	喜瀬 晋（3D図制作幹事）	
株式会社アルトナー	黒木 健児	
株式会社アルトナー	高木 利晶	
株式会社アルトナー	羽田 真亜子	
株式会社アルトナー	原 浩太郎	
株式会社アルトナー	安井 昌宏	

◎ **査読**：大谷・奥坂・坂本
◎ **3D図制作**：株式会社アルトナー
◎ **3D図精査**：荒木・奥坂・高・竹之内・西原・平野

3Dでみるメカニズム図典
見てわかる，機械を動かす「しくみ」

2023年12月25日　　第1版第1刷発行

編 著 者　　関口相三・平野重雄
発 行 者　　村 上 和 夫
発 行 所　　株式会社 オーム社
　　　　　　郵便番号　101-8460
　　　　　　東京都千代田区神田錦町3-1
　　　　　　電話　03(3233)0641(代表)
　　　　　　URL　https://www.ohmsha.co.jp/

© 関口相三・平野重雄 2023

印刷・製本　平河工業社
ISBN978-4-274-23109-4　Printed in Japan

本書の感想募集 https://www.ohmsha.co.jp/kansou/
本書をお読みになった感想を上記サイトまでお寄せください。
お寄せいただいた方には，抽選でプレゼントを差し上げます。